"十二五"职业教育国家规划教材

经全国职业教育教材审定委员会审定

计算机组装与维护

（第2版）

杨 涛 凌洪洋 主 编

董自上 钱 武 副主编

电子工业出版社

Publishing House of Electronics Industry

北京·BEIJING

内 容 简 介

本书根据教育部发布的《中等职业学校专业教学标准（试行）信息技术类（第二辑）》中的相关教学内容和要求编写。

本书采用任务驱动模式编写。按照日常工作任务顺序及学生的认知特点，全书分为"认识计算机""计算机配件、外设的安装与选购""计算机软件的安装与调试""计算机的维护与保养""计算机的故障排除"5 个项目内容，共设计了 27 个实用性较强的具体工作任务，详细介绍了计算机及主要外设的选购、组装、维护、测试及维修等内容。

本书可作为职业院校相关专业的教材使用，也可作为各类计算机组装与维护培训班的教材使用，还可供从事计算机组装与维护的人员参考学习使用。

图书在版编目（CIP）数据

计算机组装与维护 / 杨涛，凌洪洋主编. —2 版. —北京：电子工业出版社，2022.12

ISBN 978-7-121-44773-0

Ⅰ. ①计… Ⅱ. ①杨… ②凌… Ⅲ. ①电子计算机—组装—中等专业学校—教材 ②计算机维护—中等专业学校—教材
Ⅳ. ①TP30

中国版本图书馆 CIP 数据核字（2022）第 248041 号

责任编辑：关雅莉　　特约编辑：徐　震
印　　刷：三河市兴达印务有限公司
装　　订：三河市兴达印务有限公司
出版发行：电子工业出版社
　　　　　北京市海淀区万寿路 173 信箱　邮编　100036
开　　本：880×1 230　1/16　印张：15.5　字数：357.12 千字
版　　次：2016 年 9 月第 1 版
　　　　　2022 年 12 月第 2 版
印　　次：2025 年 2 月第 6 次印刷
定　　价：38.00 元

凡所购买电子工业出版社图书有缺损问题，请向购买书店调换。若书店售缺，请与本社发行部联系，联系及邮购电话：（010）88254888，88258888。

质量投诉请发邮件至 zlts@phei.com.cn，盗版侵权举报请发邮件至 dbqq@phei.com.cn。

本书咨询联系方式：（010）88254247，liyingjie@phei.com.cn。

前　言

本书根据教育部发布的《中等职业学校专业教学标准（试行）信息技术类（第二辑）》中的相关教学内容和要求编写。

本书特色

党的二十大报告指出"教育、科技、人才是全面建设社会主义现代化国家的基础性、战略性支撑。"，这为职业教育事业长远发展提供了根本遵循。本书在编写过程中始终遵循学生发展规律和认知规律，对教材内容进行创新编排，紧跟市场发展现状，通过"项目-任务"方式来激发学生学习的积极性和主动性。

1. 采用任务驱动模式

全书共设置了 27 个工作任务，这些任务均来自职业岗位的工作任务，增强了教学内容的针对性、适用性，促进教学中的实践操作，使学生的学习从实际到理论，从具体到抽象，以完成项目任务为目标，力求激发学生的学习兴趣，培养学生观察、思考、解决问题的能力。

2. 以职业能力为核心，构建课程内容

针对计算机组装与维护及相关岗位的要求和权威部门的认证考核要求，删减了同类型教材中陈旧的或在职业岗位中涉及较少的理论知识，增加了在职业岗位中有一定要求的营销、售后服务等相关知识和技能。

在撰写本书内容时，本着"先进性""主流化""实践化"的原则，对任务内容和涉及的理论知识点进行了精心选择，以保证课程内容的实用性和有效性。

3. 体系结构设置符合认知规律

该书在南京市经过了近十年的教学实践验证，在本次改版过程中，编者又重新设计了内容体系结构，每个任务基本都包括"任务目标""任务环境""课前预习""知识准备""内容与步骤""知识补充""常见故障与注意事项""达标检测"等 8 个栏目，同时还提供了配套资源包，立足教师的引导与学生的学习，更加符合现代教学理念与学生的认知规律，也便于教

师进行教学效果的检测。

本书作者

本书由杨涛、凌洪洋担任主编，董自上、钱武担任副主编。其中，任务 1.1、1.2、1.3、2.1、2.2、2.3、2.9 及附录 B、C、D 由杨涛编写，任务 2.8、3.1、3.2、3.3、4.5、5.1、5.2、5.3 及附录 A 由凌洪洋编写，任务 3.4、3.5、3.6、3.7、4.1、4.2、4.3、4.4 由董自上编写，任务 2.4、2.5、2.6、2.7 及附录 E 由钱武编写。此外，在编写过程中还得到了南京市职业教育教学研究室张玲老师及南京市任教本课程的全体同仁的支持和帮助，在此表示衷心的感谢！

由于编者水平有限，书中难免存在疏漏和不足之处，敬请读者批评指正。

教学资源

本书收集整理了大量市场主流产品的相关资料（详见附录），方便师生进行查询。同时，为了提高课堂教学的效率，本书提供了配套的学习资源，有此需求的读者可登录华信教育资源网免费注册后进行下载。

目　　录

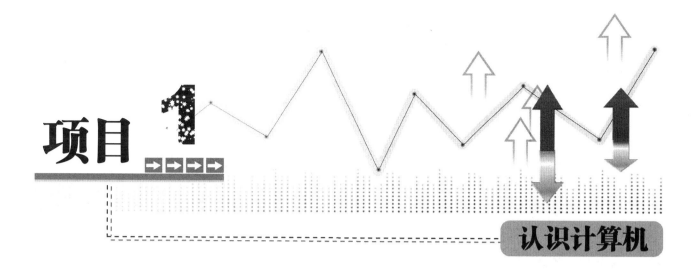

项目 **1**

认识计算机

随着我国经济的高速发展，计算机的应用已经普及到社会的各行各业之中，无论从事哪种工作，都应尽可能地对计算机的组成、安装方法、维护保养、典型故障排除等知识有一定的了解与掌握，这对于计算机类专业的学生尤为如此。在开始学习本门课程之前，了解今后将要从事的工作，知道工作中需要掌握何种知识与技能，保持良好的学习方法与习惯，都将对学习本门课程有着极大的帮助。

任务 1.1　计算机组装与维护简介

任务目标

- 了解计算机组装与维护的相关知识
- 明确掌握计算机组装与维护技能的好处
- 了解计算机的基本理论常识

任务环境

可上网的演示用计算机。

 课前预习

1. 在你心目中，计算机组装与维护是什么？学了本门课程后能干什么？

2．你知道计算机存储数据采用几进制吗？

3．你能在一分钟内说出 2 的 2 次方到 2 的 10 次方的值吗？

 **知识准备**

一、了解"计算机组装与维护"

"计算机组装与维护"分为两个部分：其一是"计算机组装"，就是将组成计算机的各种配件按照规范要求装配起来，并安装相应的软件后成为可正常运行的计算机；其二是"计算机维护"，就是做好计算机软/硬件系统的日常维护，对不能正常运行的计算机的典型故障进行分析与判断，确定故障后加以排除的过程。

看看下面这两个例子，这些例子都需要用到"计算机组装与维护"这门课程学习到的知识与技能。

1．好友请我帮忙选购一台笔记本电脑，希望这台计算机能够上网、编写程序，还可以玩一些小游戏，要求总价在 5000 元左右。

2．单位领导的办公计算机最近总是在开机后半分钟死机，关机十分钟后才能再开机，可是再次开机又这样，请我帮忙解决。

今后的工作与生活中，这样的例子还有很多。

二、谈谈学会"计算机组装与维护"的好处

1．升级、维修不求人：计算机产品的快速更新、各类软件功能的日益强大，这些都使得计算机在使用一段时间之后，难以满足人们的需求。这时，如果能更换少量配件，然后通过升级来解决问题，则是最合适的方法。同样，如果计算机发生故障，用户通过更换个别部件即可解决，省却了返厂维修或请人维修的费用不说，还可省下很多时间。

2．为实际需求量身定做：由于计算机的各个部件都是按标准化设计的，每个部件又根据功能、性能等因素有若干种型号，只有对自身的需求了解，根据预算购买合理的配置，才能让自己满意。

3．快速胜任本职工作：学好"计算机组装与维护"后，即使在工作中计算机出现异常状况，也能快速排查并解决问题，不影响工作效率，可以快速赢得领导的青睐和同事的嘉许。

4．成为计算机销售公司的业务骨干：目前，很多计算机卖场都为客户提供定制计算机组

装及维修维护业务。如果能合理地推荐客户装机的配置，快速地为客户配置好其需要的机器，高效地解决客户送修的机器，那么你一定能成为计算机销售公司的业务骨干。

5. 办公计算机维护：很多企事业单位的工作都离不开计算机，所以要保证单位中用于工作的计算机正常可靠，以确保各岗位的工作能正常运转。

6. 优秀的办公设备采购员：具备了扎实的"计算机组装与维护"知识后，可以运用计算机及其配件、外设的相关知识，很好地完成单位所需计算机及其周边设备的采购工作。

内容与步骤

一、"计算机组装与维护"的学习内容

学好"计算机组装与维护"的知识与技能，需要学习的相关内容见表 1-1-1。

表 1-1-1　"计算机组装与维护"的学习内容

学习内容	项目任务		
认识计算机	计算机组装与维护简介	计算机的基本情况	认识计算机设备
计算机配件、外设的安装与选购	CPU 的安装与选购	主板的安装与选购	内存的安装与选购
	硬盘等存储设备的安装与选购	显卡和显示器的安装与选购	机箱和电源的安装与选购
	其他常见外设的安装与选购	常用网络设备的安装与选购	定制装机方案与项目演讲
计算机软件的安装与调试	计算机的 BIOS	硬盘规划与分区、格式化	安装 Windows 操作系统
	获取与安装设备驱动程序	数据的备份、还原与复制	维护计算机软件
	计算机整机安装与调试		
计算机的维护与保养	计算机产品使用的注意事项	打印机色带、墨盒与硒鼓的更换	数据的抢救与恢复
	计算机的清洁与保养	简单网络的搭建	
计算机的故障排除	计算机故障的分类	计算机故障检测的一般方法	排除典型故障

上表列出了"计算机组装与维护"的学习项目，这些项目涉及计算机配件（常见外设）的选购安装、软件调试、维护保养、故障排除等任务，熟练掌握上述技能对今后的工作与生活都具有重要意义。

二、在网络中搜索："2500 元的办公用计算机"，并阅读搜索出的文章

利用百度搜索引擎，搜索有关"2500 元的办公用计算机"的信息，如图 1-1-1 所示，并阅读其中部分文章。

新闻　**网页**　贴吧　知道　MP3　图片

2500元的办公用计算机	百度搜索

图 1-1-1　百度搜索

 知识补充

一、计算机系统的组成

计算机系统通常由硬件系统和软件系统组成，如图 1-1-2 所示。硬件是指所有能够看得见的组成计算机的物理设备，如显示器、打印机等；软件是指用来指挥计算机完成具体工作的程序和数据。广义地说，软件是指系统中的程序及开发、使用和维护程序所需的所有数据的集合。

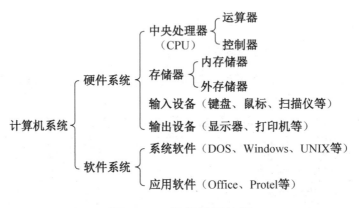

图 1-1-2　计算机系统图

1．计算机硬件系统

目前计算机硬件系统组成主要采用冯·诺依曼式体系结构，当然，也存在并行计算机、数据流计算机及量子计算机、DNA 计算机等非冯·诺依曼式体系结构计算机。一般来说，冯·诺依曼式体系结构具有如下特点：

① 数字计算机的数制采用二进制；

② 计算机应该按照程序顺序执行。

采用冯·诺依曼体系结构的计算机，一般具有如下功能：

① 具有将需要的程序和数据送至计算机中的能力；

② 必须具有长期记忆程序、数据、中间结果及最终运算结果的能力；

③ 具有各种算术、逻辑运算和数据传送等数据加工处理的能力；

④ 能够根据需要控制程序走向，并能根据指令控制机器的各部件协调操作；

⑤ 能够按照要求将处理结果输出给用户。

为了完成上述功能，计算机必须具备五大基本组成部件，包括输入数据和程序的输入设备、记忆程序和数据的存储器、完成数据加工处理的运算器、控制程序执行的控制器、输出处理结果的输出设备，如图 1-1-3 所示。

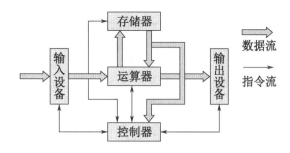

图 1-1-3　冯·诺依曼式计算机体系结构示意图

2. 计算机软件系统

没有软件的计算机称为"裸机"，一台计算机的硬件系统如果没有软件的支撑，就不能发挥其应有的功能。计算机软件内容丰富、种类繁多，根据软件用途可将其分为系统软件和应用软件两类。

① 系统软件

系统软件是指管理、控制和维护计算机系统资源的程序集合，常用的系统软件有操作系统、语言处理系统、数据库管理系统和系统辅助处理程序等。核心是操作系统，如中标麒麟操作系统、统信 UOS 操作系统、Windows 操作系统、Mac OS 操作系统、Linux 操作系统等。

② 应用软件

应用软件是指用于解决各种具体应用问题的专门软件，如图文编辑软件（WPS、Office等），图像处理软件等。

二、计算机中的存储单位

位（bit）：存放一位二进制数，即 0 或 1，位是最小的存储单位，也称比特（b）。

字节（Byte）：8 个二进制位为一个字节（B），字节是最常用的存储单位。容量一般用 KB,MB,GB,TB 来表示。

1 KB（Kilobyte，千字节）=1024 B

1 MB（Megabyte，兆字节，简称"兆"）=1024 KB

1 GB（Gigabyte，吉字节，又称"千兆"）=1024 MB

1 TB（Terabyte，太字节，或百万兆字节）=1024 GB

其中 1024=2^{10}（2 的 10 次方），这是比较常规的定义方法，一般硬件生产厂商往往会直接将 1024 转化为 1000，因此会带来一定的计算误差。

三、计算机相关法律法规

1.《互联网上网服务营业场所管理条例》

2002 年 11 月 15 日起实施，2022 年 4 月 7 日，新华社授权发布《国务院关于修改和废止部分行政法规的决定》，国务院决定对《互联网上网服务营业场所管理条例》的部分条款予以修改，自 2022 年 5 月 1 日起施行。《互联网上网服务营业场所管理条例》对于互联网上网服务场所的设立、经营、管理和处罚等做出了明确的规定，并明确规定任何个人与单位不得制作、下载、复制、查阅、发布、传播或者以其他方式使用含有下列内容的信息：

（一）反对宪法确定的基本原则的；

（二）危害国家统一、主权和领土完整的；

（三）泄露国家秘密，危害国家安全或者损害国家荣誉和利益的；

（四）煽动民族仇恨、民族歧视，破坏民族团结，或者侵害民族风俗、习惯的；

（五）破坏国家宗教政策，宣扬邪教、迷信的；

（六）散布谣言，扰乱社会秩序，破坏社会稳定的；

（七）宣传淫秽、赌博、暴力或者教唆犯罪的；

（八）侮辱或者诽谤他人，侵害他人合法权益的；

（九）危害社会公德或者民族优秀文化传统的；

（十）含有法律、行政法规禁止的其他内容的。

不得进行下列危害信息网络安全的活动：

（一）故意制作或者传播计算机病毒以及其他破坏性程序的；

（二）非法侵入计算机信息系统或者破坏计算机信息系统功能、数据和应用程序的；

（三）进行法律、行政法规禁止的其他活动的。

2.《计算机软件保护条例》

《计算机软件保护条例》于 2001 年 12 月 20 日以中华人民共和国国务院令第 339 号公布，自 2002 年 1 月 1 日起施行。此后根据 2011 年 1 月 8 日《国务院关于废止和修改部分行政法规的决定》进行第 1 次修订，根据 2013 年 1 月 30 日中华人民共和国国务院令第 632 号《国务院关于修改〈计算机软件保护条例〉的决定》进行第 2 次修订。条例对软件著作权、软件著作权的许可使用和转让、法律责任等进行了具体的规定。

条例规定，未经软件著作权人许可，有下列侵权行为的，应当根据情况，承担停止侵害、消除影响、赔礼道歉、赔偿损失等民事责任；同时损害社会公共利益的，由著作权行政管理部门责令停止侵权行为，没收违法所得，没收、销毁侵权复制品，可以并处罚款；情节严重的，著作权行政管理部门并可以没收主要用于制作侵权复制品的材料、工具、设备等；触犯刑律的，依照刑法关于侵犯著作权罪、销售侵权复制品罪的规定，依法追究刑事责任：

（一）复制或者部分复制著作权人的软件的；

（二）向公众发行、出租、通过信息网络传播著作权人的软件的；

（三）故意避开或者破坏著作权人为保护其软件著作权而采取的技术措施的；

（四）故意删除或者改变软件权利管理电子信息的；

（五）转让或者许可他人行使著作权人的软件著作权的。

条例还规定"为了学习和研究软件内含的设计思想和原理，通过安装、显示、传输或者存储软件等方式使用软件的，可以不经软件著作权人许可，不向其支付报酬。"

3.《中华人民共和国计算机信息系统安全保护条例》

1994 年 2 月 18 日中华人民共和国国务院令第 147 号发布，后根据 2011 年 1 月 8 日《国务院关于废止和修改部分行政法规的决定》进行修订。

条例第二十条规定，违反本条例的规定，有下列行为之一的，由公安机关处以警告或者停机整顿：

（一）违反计算机信息系统安全等级保护制度，危害计算机信息系统安全的；

（二）违反计算机信息系统国际联网备案制度的；

（三）不按照规定时间报告计算机信息系统中发生的案件的；

（四）接到公安机关要求改进安全状况的通知后，在限期内拒不改进的；

（五）有危害计算机信息系统安全的其他行为的。

条例第二十三条规定，故意输入计算机病毒以及其他有害数据危害计算机信息系统安全的，或者未经许可出售计算机信息系统安全专用产品的，由公安机关处以警告或者对个人处以 5000 元以下的罚款、对单位处以 15 000 元以下的罚款；有违法所得的，除予以没收外，可以处以违法所得 1 至 3 倍的罚款。

 **达标检测**

1．你购买了一个 8 GB 的 U 盘，使用时发现实际容量仅有 7.6 GB 左右，请问该现象为（　　）。

    A．被骗了　　　B．正常现象　　　C．U 盘损坏　　　D．假货

2．《互联网上网服务营业场所管理条例》自（　　）年开始实施；《计算机软件保护条例》自（　　）年开始实施。

3．简述计算机系统的基本组成。

_____

_____

_____

任务 1.2　计算机的基本情况

任务目标

- 了解计算机的常见分类
- 知道计算机销售的常见场所

● 了解计算机的发展历史及主要整机生产厂商

 **任务环境**

可上网的演示用计算机。

 **课前预习**

1. 在日常生活中，你接触过哪些类型的计算机？

2. DIY 的意思是_____，它的英文全称是_____。

 **知识准备**

计算机的发展历史

第一代计算机——电子管计算机，基本电子器件为电子管，代表机型为世界上第一台电子计算机"ENIAC"，其诞生于 1946 年，体积庞大，运算速率低，主要从事军事和科研方面的工作，如图 1-2-1（a）所示。

第二代计算机——晶体管计算机，主要元器件采用晶体管，代表机型为美国贝尔实验室推出的 TRADIC，主要应用于数据处理、自动控制等方面，如图 1-2-1（b）所示。

(a)　　　　　　　　　　　　　(b)

图 1-2-1　ENIAC 和 TRADIC

第三代计算机——中小规模集成电路计算机，主要元器件采用中小规模集成电路，代表机型为 IBM 推出的 System/360，如图 1-2-2（a）所示，广泛应用于科学计算、数据处理、事务管理、工业控制等领域。

第四代计算机——大规模、超大规模集成电路计算机，主要元器件采用大规模、超大规模集成电路，1981 年 IBM 推出的 IBM PC 是一个划时代的代表，如图 1-2-2（b）所示。计算机开始向个人计算机发展，并逐步进入办公室、学校和家庭。

（a）　　　　　　　　　　　　　（b）

图 1-2-2　System/360 和 IBM PC

 内容与步骤

一、市场上常见的计算机种类

1. 按生产厂商分类

① 品牌机

顾名思义，品牌机就是有一个明确品牌标识的计算机。它是由某家公司组装起来的，并且经过兼容性测试而正式对外出售的整套的计算机。在质量保证、销售渠道、售后服务方面提供一体化的解决方案。

② DIY 组装机

DIY 是英文 Do It Yourself 的缩写，又译为"自己动手做""自助的"。组装机是指将 CPU、主板、内存等计算机配件组装到一起的计算机。它的搭配随意性强，可根据用户需求，随意搭配，性价比高。

2. 按产品外观及用途分类

计算机按照产品的外观及用途可分为以下几种，如图 1-2-3 所示。

① 台式机　　　　　　　　　　　　　　② 笔记本

体积较大，主机与显示器等设备一般是独立的，需要放置在电脑桌或专门的工作台上。

体积较小，各个部件高度集成便于携带，适合移动办公。

图 1-2-3　按产品外观及用途分类

③ 一体机

最早由联想提出此概念，将传统分体台式机的主机集成到显示器中，减小了体积。

④ 平板电脑

一种小型、方便携带的个人计算机，以触摸屏作为基本输入设备是其典型特征。

图 1-2-3　按产品外观及用途分类（续）

二、计算机销售的常见场所

目前计算机的销售渠道有很多，有专门的计算机大型卖场、专卖店、产品销售柜台等，在大型超市、商场等场所往往也能看到计算机销售的情况。近年来，随着电子商务的兴起，各大电子商务网站也基本都售卖计算机产品，如图 1-2-4 所示。

图 1-2-4　计算机销售的常见场所

三、获取计算机相关信息及产品制造商的方法

1．通过公司官网搜索

以公司名为关键字，通过各种搜索引擎进行查找，链接到相关公司网站，如联想、惠普等。

2．通过知名 IT 网站搜索

可查找一些知名 IT 网站，如天极网、中关村在线等。

3．通过报纸或杂志查询

选择一些口碑较好、发行量较大且质量较高的报纸或杂志，对有关计算机知识和软/硬件价格进行查询，如《电脑报》《微型计算机》《电脑爱好者》等。

4．实地考察领取报价单

抽时间逛逛计算机卖场，多多查看厂商产品，做到心中有数。

 **知识补充**

部分整机生产厂商简介

1．惠普

惠普（Hewlett-Packard，HP）位于美国加利福尼亚州的帕罗奥多市，是一家全球性的资讯科技公司，专注于打印机、数码影像、软件、计算机与资讯服务等业务。2002 年，惠普收购了美国著名的康柏电脑公司。

HP 来源于惠普两位创始人的姓氏。1939 年，在美国加利福尼亚州帕罗奥多市的一间狭窄车库里，两位年轻的发明家比尔·休利特（Bill Hewlett）和戴维·帕卡德（David Packard），以手边仅有的 538 美元，怀着对未来技术发展的美好憧憬和发明创造的激情创建了 HP 公司。

2．联想

联想集团成立于 1984 年，2005 年并购了 IBM 的全球 PC 业务后，新联想由联想及原 IBM 个人电脑事业部所组成。公司主要生产台式机、服务器、笔记本电脑、打印机、掌上电脑、主机板、手机等电子产品。2003 年，联想公司正式从"Legend"更名为"Lenovo"。

3．DELL

戴尔公司（Dell Computer）是一家总部位于美国得克萨斯州朗德罗克的世界五百强企业。创立之初，公司的名称是 PC's Limited，1987 年改为现在的名字。戴尔以生产、设计、销售家用及办公室电脑而闻名，同时也涉足高端电脑市场，生产与销售服务器、数据储存设备、网络设备等。戴尔的其他产品还包括了 PDA、软件、打印机等电脑周边产品。

4．宏碁

宏碁集团（Acer Group）创立于 1976 年，主要从事自主品牌的笔记本电脑、台式机、液晶显示器、服务器及数字家庭等产品的研发、设计、行销与服务，持续提供全球消费者易用、可靠的资讯产品。

5．华硕

华硕成立于 1989 年 4 月 1 日，公司位于我国台湾省台北市北投区。华硕的产品线完整覆盖至笔记本电脑、主板、显卡、服务器、光存储、有线/无线网络通信产品、LCD、掌上电脑、智能手机等全线 3C 产品。

 达标检测

1．你能分别说出 4 个国外和国内计算机品牌吗？

_____

_____

2．说出至少 3 个专门介绍计算机相关知识及信息的网站（网址或名称均可）。

_____

_____

3．将下面的左侧名称与右侧图标连线。

宏碁　　　　　　　　　　　　　　　　hp

华硕　　　　　　　　　　　　　　　lenovo

联想　　　　　　　　　　　　　　　ASUS

惠普　　　　　　　　　　　　　　　DELL

戴尔　　　　　　　　　　　　　　　acer

4．简述第四代计算机的主要部件和代表机型。

_____

_____

_____

任务 1.3　认识计算机设备

任务目标

● 了解计算机的部件组成

- 了解计算机各外部接口的名称及作用
- 了解计算机外部连接的方法

 **任务环境**

可上网的演示用计算机，一台可拆卸的计算机。

 **课前预习**

根据日常经验，尝试列举组成一台计算机所需的配件。

 **知识准备**

一、观察主机内部的主要部件

1. 断开主机电源，拆除外部连线。
2. 使用螺丝刀卸下机箱侧板螺丝，抽出右侧面板并仔细观察，思考机箱盖板是如何固定的？
3. 观察机箱内部各部件外形，如图 1-3-1 所示。

图 1-3-1　机箱内部图

二、观察计算机的外部连接

1. 观察连接在计算机主机上的其他外部设备。

2．观察机箱前面板或机箱顶部接口，与如图 1-3-2 所示的机箱顶部接口比较异同，并加以记录。

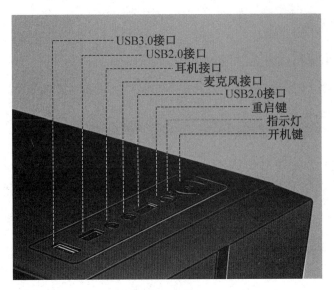

图 1-3-2　机箱顶部接口

3．拆除机箱背部所有外部连线，在拆除过程中，仔细观察并记录各接口颜色及外形，比较实物与如图 1-3-3 所示的图片差异。

图 1-3-3　机箱背部接口

内容与步骤

一、认识机箱内的部件

1．CPU：计算机的中枢，是计算机的最高执行单元，负责计算机内数据的运算和处理，与主板一起控制协调其他设备的工作，如图 1-3-4 所示。

2．主板：为计算机上的其他部件提供插槽和接口，并通过主板上的线路协调计算机中各部件的工作，如图 1-3-5 所示。

图 1-3-4　CPU　　　　　　　　　　　图 1-3-5　主板

3．内存：计算机中用来临时存放数据的地方，计算机中的程序和数据都是在内存中通过 CPU 进行访问的，如图 1-3-6 所示。

4．硬盘或固态硬盘：计算机中存放永久性数据和程序的存储设备，如图 1-3-7 所示。

图 1-3-6　内存　　　　　　　　　图 1-3-7　硬盘或固态硬盘

5．显卡：计算机中控制显示在显示器上的内容及颜色等信息的设备，如图 1-3-8 所示。

图 1-3-8　显卡

6．其他部件：电源（如图 1-3-9 所示）、机箱（如图 1-3-10 所示）、光驱（如图 1-3-11 所示）等设备。

图 1-3-9　电源

图 1-3-10　机箱

图 1-3-11　光驱

二、认识计算机外部设备及外部接口等

1. 外部设备

外部设备包括将外部信息输入主机的输入设备和将主机的处理结果输出给用户的输出设备，如显示器（如图 1-3-12 所示）、键盘和鼠标（如图 1-3-13 所示）、音箱（如图 1-3-14 所示）、数码相机（如图 1-3-15 所示）、打印机（如图 1-3-16 所示）、扫描仪（如图 1-3-17 所示）等。

图 1-3-12　显示器

图 1-3-13　键盘和鼠标

图 1-3-14　音箱

图 1-3-15　数码相机

图 1-3-16　打印机

图 1-3-17　扫描仪

2. 主板背部接口

主板作为一个承载平台，为其他设备提供连接接口或插槽，通常在机箱背面会外露主板的背部接口，以方便其他设备的连接，如图 1-3-18 所示。

① USB 接口

目前的主板一般都具有两种标准的多个 USB 接口：一种是 USB 2.0 接口（通常用黑色标识），另一种是 USB 3.0 接口（通常用红色或蓝色标识）。

图 1-3-18　主板背部接口

② HDMI 接口或 DP 接口

高清晰度多媒体接口（High Definition Multimedia Interface，HDMI）是一种在消费电子领域和 PC 领域同时使用的全数字化接口。它可以传送无压缩的音频及视频信号，传输速率最大可达 48 Gbps 以上。

数字式视频接口（DisplayPort，DP），与目前主流的 HDMI 接口均属于高清数字显示接口，都支持同时传输视频和音频信号，传输速率目前最大可达 80 Gbps 以上。

③ Line Out 接口（通常为淡绿色）、Line In 接口（通常为天蓝色）和 MIC 接口（通常为粉红色）

Line Out 接口提供音频输出，通常连接音箱或其他放音设备的 Line In 接口。Line In 接口是音频输入接口，通常连接外部声音设备的 Line Out 接口。MIC 接口是连接麦克风的接口。

④ 显卡接口和网卡接口

显卡接口通常是 15 针的 D-SUB 或 24 针的 DVI 接口。网卡接口是连接网线的 RJ-45 接口。

⑤ USB Type-C 接口

USB Type-C 是一种 USB 接口外形标准，既可以应用于 PC 又可以应用于外部设备（如手机）的接口类型。

3．外部连接所用的线缆

① 电源线

用于连接外部电源，如图 1-3-19 所示。

② 显示器数据线及 HDMI 线缆

用于连接显示器与显卡，如图 1-3-20 所示。

4．外部线缆的连接

一般来说，外部线缆接口均有防插反装置，插入和拔取时如遇较大阻力，需仔细观察接口情况后方可继续操作。

在连接较老型号显示器时，可能会遇到如图 1-3-21 所示的 D-SUB 接口，在插入之后或者拔取之前需将图中所示的螺丝旋紧或者松开。

图 1-3-19　主机电源线

图 1-3-20　显示器数据线及 HDMI 线缆

图 1-3-21　D-SUB 接口

知识补充

一、其他常见外设

摄像头是一种视频输入设备，如图 1-3-22 所示，被广泛地运用于视频会议、远程医疗及实时监控等领域。生活中人们也可以通过摄像头在网络中进行"面对面"的沟通。另外，还可以将其用于当前各种流行的智能产品中。

手写绘图输入设备对计算机来说是一种输入设备，最常见的是手写板，如图 1-3-23 所示，其作用和键盘类似。基本上只局限于输入文字或者绘画，也带有鼠标的一些功能。

图 1-3-22　摄像头

图 1-3-23　手写板

二、有关接口

1995 年由美国电气和电子工程师学会（IEEE）制定了 IEEE1394 标准，它是一种串行接口，如图 1-3-24 所示，一般用来传送数字图像信号，目前已基本被 USB 接口取代。

PS/2 接口是 20 世纪 80 年代 IBM 推出的在 PS/2 计算机上采用的输入设备接口，如图 1-3-25 所示，一般用于键盘、鼠标的连接，随着技术的发展，目前已基本被淘汰。

图 1-3-24　1394 接口

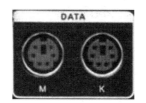

图 1-3-25　PS/2 接口

 达标检测

1．写出以下 4 个设备的名称。

_____ 　 _____ 　 _____ 　 _____

2．根据经验判断，如图 1-3-26 所示的设备可能是一块（　　　）。

A．声卡　　　　B．显卡　　　　C．网卡　　　　D．MODEM

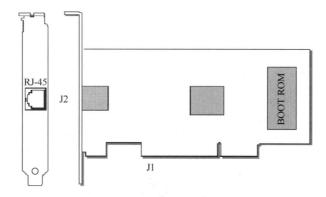

图 1-3-26

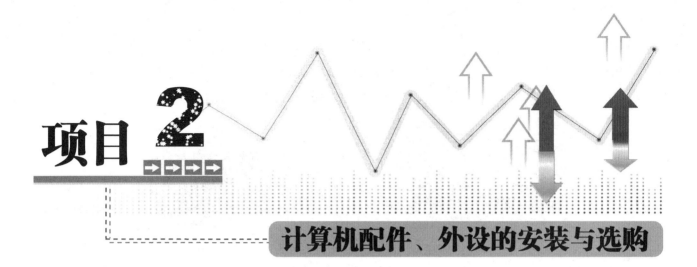

项目 2

计算机配件、外设的安装与选购

任务 2.1 CPU 的安装与选购

 **任务目标**

- 知道 CPU 的主流品牌及市场上的主流产品
- 掌握 CPU 和散热器的安装方法
- 了解 CPU 和散热器的选购指标

任务环境

主板、CPU、散热器、螺丝刀、可上网的演示用计算机。

课前预习

一、连连看

指认下列实物图片，并用线条将图片与实物名字一一对应起来。

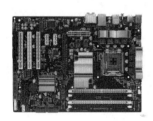

CPU   散热器   主板

二、我爱记单词

CPU 的中文意思是_____。

三、专业常识

目前市场上 CPU 的两大著名品牌是_____和_____。

 **知识准备**

一、了解 CPU 的接口

目前 CPU 的接口类型主要有触点式和插座式两种。其中触点式以 Intel 公司的 LGA×××为代表，主要型号有 LGA1700、LGA1200、LGA2066、LGA1151 等；插座式以 AMD 公司的 Socket×××为代表，主要型号有 Socket TR4、Socket AM4、Socket AM3+、Socket AM3 等。

英文中 Socket 是"插座"的意思。因此，以 Socket 命名的接口一般是插座式的，对应的 CPU 为薄片状、带有很多插针，如图 2-1-1 所示，而 LGA 接口则将插座式变成触点式，如图 2-1-2 所示。

图 2-1-1　Socket 接口的主板与 CPU

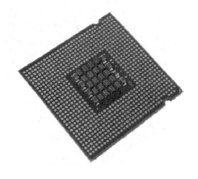

图 2-1-2　LGA 接口的主板与 CPU

二、了解 CPU 散热器

CPU 在工作的时候会产生大量的热量，如果不及时将这些热量散发出去，轻则导致计算机死机，重则可能将 CPU 烧毁，CPU 散热器对 CPU 的稳定运行起着决定性的作用。

目前 CPU 散热器主要分为风冷式和水冷式两种，如图 2-1-3 所示。一般主要使用的是风冷式散热器，俗称风扇。

图 2-1-3　风冷式散热器和水冷式散热器

 内容与步骤

一、安装 CPU

1．Socket（插座）式 CPU 安装

一般来说，CPU 插座通常采用零插拔力（Zero Insertion Force，ZIF）设计，这样在安装或拆卸 CPU 的时候，只需要向外拉一下拉杆并上推至 90°即可，如图 2-1-4 所示。

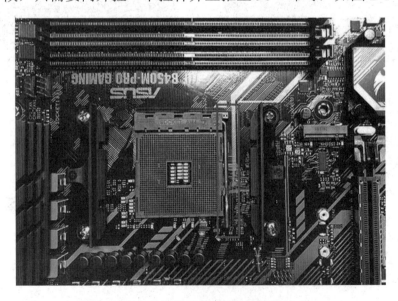

图 2-1-4　向外推动拉杆并上推至 90°

安装 CPU 必须按照特定的方向才能插入，而这个方向通常在 CPU 及主板上有标识。以 Socket AM4 接口的 AMD CPU 为例，CPU 左下方有个金色的"斜三角"标记，安装时应对准主板 Socket AM4 插槽上的"斜三角"标记，如图 2-1-5 和图 2-1-6 所示。对齐缺口后，再把 CPU 垂直插入 CPU 插座。操作完成后，建议从侧面查看一下，确认 CPU 的针脚是否已经完全插入插槽中。

图 2-1-5　AMD CPU 特征角

图 2-1-6　AMD CPU 插槽

💡 **警告**：安装 CPU 过程中，拉杆应始终保持打开状态，如图 2-1-7 所示。此外，放入 CPU 时如感觉有较大阻力，应立刻停止并检查特征角位置是否正确，若强行安装 CPU 可能会导致 CPU 针脚弯曲或损坏。

确认 CPU 安装无误后，再压下拉杆，直到拉杆被插座锁扣扣住即可，如图 2-1-8 所示。

图 2-1-7　拉杆保持打开状态

图 2-1-8　压下拉杆

2．LGA 式 CPU 安装

当前市场中，Intel 的处理器基本都采用 LGA 式接口，LGA 式接口采用了触点式设计，与 Socket 设计相比，最大的优势是不用担心针脚折断或弯曲的问题，但对处理器的安装要求相对更高。

如图 2-1-9 所示，适当向下用力按压固定 CPU 的压杆，同时向外用力推压杆，使其脱离固定卡扣。压杆脱离卡扣后，便可以顺利地将压杆上推约 120°，如图 2-1-10 所示。

图 2-1-9　下压并向外推动固定压杆

图 2-1-10　上推固定压杆

与安装 Socket 类型处理器一样，在安装 LGA 式处理器时，也必须对齐特征角位置，如图 2-1-11 和图 2-1-12 所示，同时注意 CPU 两侧凹槽与 CPU 插座对应凸起相对应，如图 2-1-13 所示，反方向微用力扣下处理器的压杆，如图 2-1-14 所示。

图 2-1-11　CPU 上的特征角

图 2-1-12　主板 CPU 插座上的特征角

图 2-1-13　对齐 CPU 两侧凹槽

图 2-1-14　扣下压杆

按压压杆时，覆盖在主板 CPU 插座上的保护片会自动弹出，取下保护片，完成 CPU 的安装，如图 2-1-15 和图 2-1-16 所示。

图 2-1-15　CPU 插座上的保护片弹出

图 2-1-16　CPU 安装完毕

二、安装 CPU 散热器

目前 CPU 散热器形态各异，无论是风冷式散热器还是水冷式散热器，只要弄清楚散热器结构并关注好以下几个问题，就基本能够解决 CPU 散热器的安装。

1. 散热器结构

无论是风冷式散热器还是水冷式散热器，区别仅在于散热的媒介有所差异（空气或者水及其他液体），如图 2-1-17 和图 2-1-18 所示。散热器的基本结构中，风扇用于搅动气流散发热量；散热鳍片用于增大散热面积；传热底座通过固定配件与 CPU 表面连接；导热铜管或导液管用于气体或液体流动散发热量；水泵用于带动液体流动。

图 2-1-17　风冷式散热器结构

图 2-1-18　水冷式散热器结构

2. 散热器底座安装

CPU 在工作过程中会散发大量热量，因此需要安装散热器，这就需要在主板上安置承重底座，以固定散热器。承重底座形态各异，安装方法亦不相同，但基本上都是通过螺钉或卡扣固定在主板相应孔洞处，如图 2-1-19 所示。具体安装方法详见安装说明书。

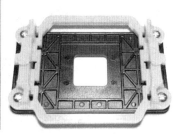

图 2-1-19　散热器底座结构及配件

3. 硅脂的涂抹

导热硅脂也称作硅胶，它的作用并非黏合，而是为了排出散热器与 CPU 的接触面由于不平整导致的空气存留，增大接触面面积，从而帮助提升散热效率，如图 2-1-20 和图 2-1-21 所示。

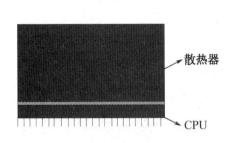

图 2-1-20　硅脂帮助散热原理

图 2-1-21　在散热器底面均匀涂抹硅脂

4．散热器扣具或螺栓安装

将散热器固定在承重底座上，有的采用扣具方式，有的采用螺栓方式，有的采用卡扣方式，可根据具体情况加以安装固定，如图 2-1-22、图 2-1-23 所示。

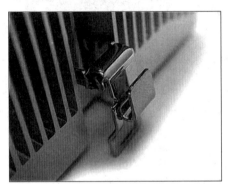

图 2-1-22　扣具式散热器

图 2-1-23　螺栓式及卡扣式散热器

💡 **警告：** 安装时必须注意用力均匀，用力不当有可能会压坏 CPU 核心，导致 CPU 损坏而无法正常工作。

5．供电电源线连接

固定好散热器后，还要将散热器风扇连接到主板的供电接口上，找到主板上安装风扇的电源接口（主板上的标识字符为 CPU_FAN），将风扇插头插上即可，如图 2-1-24 所示。

图 2-1-24　连接散热器风扇电源线

三、观察 CPU 的相关信息

1．观察 CPU 实物，并将正面的文字信息记录下来。

2．利用互联网搜索关键字 CPU-Z 并下载安装，查询当前安装的 CPU 信息，如图 2-1-25 所示，请按图示信息填空。

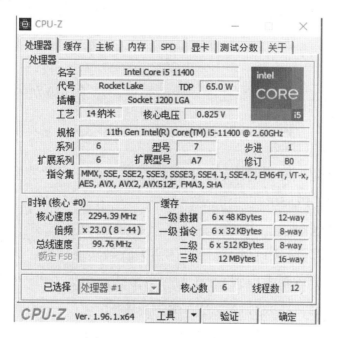

图 2-1-25　CPU-Z 软件界面

CPU 的具体型号：_____；CPU 的核心速度：_____；
一级缓存：_____；二级缓存：_____。

四、了解 CPU 的使用率和负载

在 Windows 桌面环境下按组合键"Ctrl+Alt+Delete"，打开"任务管理器"，在"性能"选项卡中观察"CPU 利用率"的图示，然后依次打开 Word 和 Photoshop，分别观察图示变化情况，并填入表 2-1-1 中。

表 2-1-1　CPU 使用率图示变化情况

原　先　值	启动 Word 后	启动 Photoshop 后

五、了解 CPU 的主要选购指标

1．制造工艺

制造工艺直接关系到 CPU 的电气性能。通常所说的 14 纳米、10 纳米表示的是 CPU 核心中线路的宽度。线宽越小，CPU 的功耗和发热量就越低，并可以工作在更高的频率上。在实际选购中，通常会用"××代"描述，一般来说，"代"数越高越好，如 12 代 i7，11 代 i5 等。

2．核心数或线程数

多核心是指将 2 个或多个运算核心集成到同一芯片内，各个运算核心在统一规划下并行执行不同的进程。在操作系统及应用软件支持的前提下，多核心处理器在重负担情况下能够有更为出色的发挥。多线程可以理解为单核心通过软件的方式将 CPU 的空闲资源模拟调度为"多核心"工作。

3．主频

CPU 的主频代表着 CPU 的运算速度。一般来说，对于同级别的 CPU，主频越高，速度越快，主频=外频×倍频。

4．高速缓冲存储器（Cache）

Cache 的容量大小对处理器的性能影响很大，尤其是在商业性能方面。一般来说，较大的 Cache 甚至可以提升 CPU 30%以上的工作效率。

5．与其他设备的关联

作为计算机的核心部件，CPU 的选择往往会关联到其他部件。例如，CPU 接口选择的是 LGA1200，则主板的选择就要考虑到 CPU 的接口形式；再如 CPU 往往有带核芯显卡和不带核芯显卡两种，选择时也必然会对显卡的选择带来影响。

💡 提示

CPU 选购的一般策略

目前市场上 Intel 和 AMD 的产品众多，虽然两家公司均对自身的产品进行了系列划分及目标定位，但往往市场上新旧体系并存，产品众多，让人眼花缭乱，无从下手。

其实可以将复杂问题简单化，以 Intel 产品为例，市场上的最新系列为 12 代 i 系列，根据自身需求及日常工作内容先确定 CPU 工作负担的繁重程度，并分别与 i9、i7、i5、i3 的档次划分相对应来确定 CPU 的层次划分，再根据具体性能指标最终确定选择哪款产品。

尝试写出 Intel 系列高、中、低端的代表产品，并填入如图 2-1-26 所示的方框内。

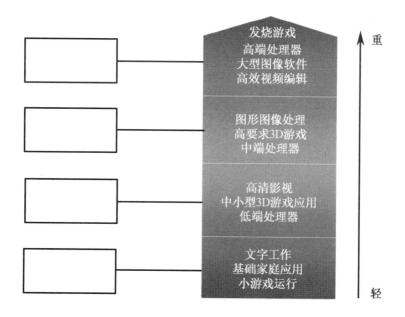

图 2-1-26　CPU 负担及产品对照图

六、了解 CPU 散热器的选购

1．CPU 选盒装还是散装

通常来说，部分盒装 CPU 产品，会附送原装 CPU 散热器，无须另行购置散热器；散装 CPU 需要另行购置散热器。

2．选择风冷式还是水冷式散热器

从价格和使用效果上来说，目前水冷式散热器价格略高于风冷式散热器，但效果也较好。因此，在选购时需要先了解所使用的 CPU 的功率与发热情况，是否需要将 CPU 超频使用，然后根据情况加以区分，一般情况下建议使用风冷式散热器。

3．风扇转速

无论是风冷式散热器还是水冷式散热器，都是通过风扇吹散热片来散热的，风扇的转速直接影响到风扇的散热效果。转速的单位一般用每分钟转数来表示。

4．散热片或传热导管材质

由于 CPU 的热量是通过散热器与 CPU 的接触面传导到散热片，再经风扇带来的冷空气吹拂而把散热片的热量带走，而材料的质量对热量的传导速度具有决定性的作用，一般来说，优先选择铜质材料或铝合金材料。

5．风扇的口径及最大出风量

风扇的口径对风扇的出风量有直接的影响，在允许的范围内风扇的口径越大，风扇的出风量也就越大，风力效果的作用面也就越大。当然选择的风扇口径一定要与机箱结构相协调，保证风扇既不影响计算机其他设备的正常工作，机箱中又有足够的自由空间以方便拆卸其他配件。

6．风扇噪声

风扇的噪声往往是计算机工作噪声的主要来源之一，而衡量风扇质量高低的一个外在表现就是噪声大小。质量较好的风扇噪声一般在 20 dB～25 dB。

 知识补充

英特尔公司是个人计算机零件和 CPU 制造商，于 1968 年由罗伯特·诺伊斯、戈登·摩尔创建于美国硅谷，安迪·格鲁夫随后加入，总部位于美国加利福尼亚州。 英特尔为计算机工业提供关键元件，包括性能卓越的微处理器、芯片组、板卡、系统及软件。1971 年，英特尔推出了全球第一款微处理器 4004，微处理器所带来的计算机和互联网革命改变了整个世界。公司所生产的计算机中央处理器在市场享有较高的影响力。

AMD 公司（美国超威半导体公司）成立于 1969 年，总部位于美国加利福尼亚州，专门为计算机、通信和消费电子行业设计和制造各种创新的微处理器（CPU、GPU、APU、主板芯片组、电视卡芯片等）、闪存和低功率处理器解决 方案。1996 年，AMD 收购 NexGen 并推出 AMD-K6 处理器，2006 年，AMD 收购 ATI 公司整合显示芯片生产业务，被视为打破 CPU 生产垄断及 AMD 公司发展的两个重要里程碑。公司所生产的计算机中央处理器在市场享有较高的影响力。

中国科学院计算技术研究所从 2001 年开始研制龙芯系列处理器，于 2010 年由中国科学院和北京市政府共同牵头出资，正式成立龙芯中科技术有限公司，主要产品包括面向行业应用的专用小 CPU，面向工控和终端类应用的中 CPU，以及面向计算机类应用的大 CPU。

华为技术有限公司成立于 1987 年，总部位于广东省深圳市龙岗区。华为是全球领先的信息与通信技术（ICT）解决方案供应商，在电信运营商、企业、终端和云计算等领域构筑了端到端的解决方案优势，持续在全球推动 5G 技术 发展并成为行业领导者。2013 年，华为首超全球第一大电信设备商爱立信，排名《财富》世界 500 强第 315 位。华为的产品和解决方案已经应用于全球 170 多个国家，服务全球运营商 50 强中的 45 家及全球 1/3 的人口。2019 年 9 月 6 日，华为在德国柏林和北京同时发布旗舰芯片麒麟 990 系列，2019 年 8 月 9 日，华为正式发布鸿蒙系统。

高通（Qualcomm）是一家美国的无线电通信技术研发公司，成立于 1985 年 7 月，在以技术创新推动无线通信向前发展方面  扮演着重要的角色，以 CDMA 技术处于领先地位而闻名，同时高通所生产的骁龙处理器也广泛应用于手机等移动通信设备方面。

常见故障与注意事项

1. 安装 CPU 过程中，特征角位置对应正确，但 CPU 无法放下。

在安装 CPU 过程中，当扳开 ZIF 拉杆时，应注意将拉杆完全打开，扳至 90°或以上位置，否则 CPU 不会顺利落下，同时应注意仔细查看 CPU 针脚是否有弯曲等异常情况，不可强行按下。

2. 安装好 CPU 及散热器后，打开电源，一段时间后机器死机，严重时机器黑屏，闻到焦煳味。

安装 CPU 散热器时，应注意检查散热器电源线是否插好，否则开机后 CPU 表面温度急剧上升可能导致死机或 CPU 损坏。

 达标检测

1. 用线条将 CPU 与对应的接口形式连接起来。

Socket

LGA

2. 选购 CPU 时要考虑的性能指标主要有哪些？

_____

_____

3. 选购散热器时要考虑的主要性能指标有哪些？

_____

_____

任务 2.2　主板的安装与选购

任务目标

● 认识主板的主流品牌、类型和组成部分

- 会正确安装、固定主板
- 了解主板的性能指标

 **任务环境**

一台可拆卸的计算机、螺丝刀、可上网的演示用计算机。

课前预习

一、连连看

利用 Internet 查找以下主板品牌及与之对应的 Logo，并用线条将二者一一对应连接起来。

华硕	**BIOSTAR**
微星	七彩虹 COLORFUL
技嘉	**ASUS**
映泰	**msi**
七彩虹	**GIGABYTE**

二、我爱记单词

主板的英文单词是＿＿＿＿＿＿＿＿或＿＿＿＿＿＿＿＿。

三、预习思考

在"任务 1.3　认识计算机设备"中已经见到过主板，也看到了很多板卡和外设插接在主板的插槽或接口上。请思考：主板在一台整机中的地位和作用是什么？

 **知识准备**

主板是计算机中最重要的部件之一，是连接 CPU 与其他设备之间的平台，如图 2-2-1所示。

图 2-2-1　主板全景图

一般来说，主板由以下几个部分组成：

1．CPU 插座

如图 2-2-2 所示，CPU 插座提供了 CPU 安放的平台。

2．芯片组

如果说中央处理器（CPU）是整个计算机系统的心脏，那么芯片组将是整个身体的躯干，对于主板而言，芯片组几乎决定了这块主板的功能，进而影响到整个计算机系统性能的发挥。通常芯片组由于发热量较高，会覆盖有散热片。如图 2-2-3 所示。

图 2-2-2　主板上的 CPU 插座

图 2-2-3　主板上的芯片组

3．内存插槽

在主板上用来固定内存条的插槽叫作 DIMM 槽（双列直插式），SDRAM、DDR、DDR2、DDR3、DDR4、DDR5 等均使用这种内存插槽，如图 2-2-4 和图 2-2-5 所示。

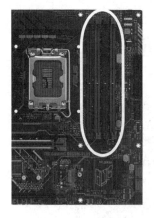

图 2-2-4　主板上的内存插槽

图 2-2-5　内存插槽侧视图

4．其他插槽及各种电源接口

PCI-E 总线插槽，在主板上一般为白色，有四种规格，常见的有两种，其中最长的就是 PCI-E X16 插槽，一般是为显卡准备的，除此之外就是 PCI-E X1 插槽，如图 2-2-6、图 2-2-7、图 2-2-8 所示。

M.2 接口是一种新的主机接口方案，可以兼容多种通信协议，支持 PCI-E 总线及 SATA 总线，如图 2-2-9 所示。

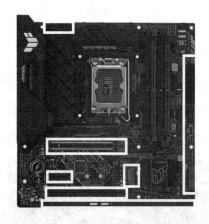

图 2-2-6　主板上的总线插槽及各种电源接口

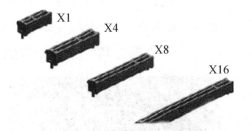

图 2-2-7　PCI-E 插槽标准

图 2-2-8　PCI-E 插槽实物图片

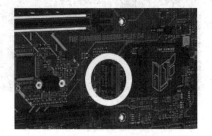

图 2-2-9　主板上的 M.2 接口

SATA 接口，主要功能是用作主板和大容量存储设备（如硬盘及光盘驱动器）之间的数据传输，因采用串行方式传输数据而得名，结构简单，支持热插拔，如图 2-2-10 所示。

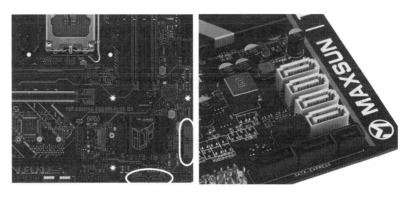

图 2-2-10　主板上的 SATA 接口

内容与步骤

一、主板的安装

1．打开机箱的外壳，观察机箱底侧板（底板），找出主板附带的 IO 挡板，并将挡板固定在机箱上，如图 2-2-11 所示。

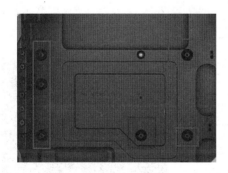

图 2-2-11　将主板附带的 IO 挡板固定在机箱上

2．观察机箱侧板（底板）及主板，找到合适的位置以确定哪些螺丝孔需要安装螺丝，如图 2-2-12 所示。

图 2-2-12　找到合适的螺丝孔

3．主板的安装过程实际是一个固定过程，固定的原理如图 2-2-13 所示。

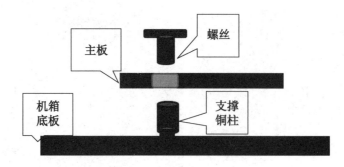

图 2-2-13　主板固定示意图

把机箱附带的金属支撑铜柱或塑料钉（如图 2-2-14 所示）旋入主板和机箱对应的机箱底板上（如图 2-2-15 所示），然后再用钳子进行加固。

图 2-2-14　主板支撑铜柱

图 2-2-15　将主板支撑铜柱安装在机箱底板上

4．将主板轻轻地放入机箱中，检查金属支撑铜柱或塑料钉是否与主板的定位孔相对应，如图 2-2-16 所示，将主板背部接口与机箱底板开口对好，并固定到位，如图 2-2-17 所示。

图 2-2-16　检查定位孔　　　　　图 2-2-17　完成主板固定

💡 警告：主板是各种硬件的安放平台，在使用时如果发生形变，会影响硬件的工作，因此在固定主板时，不得随意缩减支撑铜柱数量。

二、主板与机箱面板的连接

主板上的机箱面板连线插针通常位于主板靠近边缘的位置，一般是双行插针，有 10 组左右，如图 2-2-18 所示，也有部分主板采用单行插针，虽然设计针脚数或位置可能有所不同，但是一般至少应包含 POWER SW、RESET SW、POWER LED、H.D.D LED、SPEAKER 等插针，而机箱面板同样也提供了如图 2-2-19 所示的多组与之对应的连接线缆，具体连接情况如图 2-2-20 所示。

在主板说明书中，通常会有插针连接的详细介绍，如图 2-2-21 所示，只需对照连接即可。同时绝大多数主板上也会印有相关说明，即使说明书不慎遗失，也可通过这些说明来正确安装各种连线。

图 2-2-18 主板插针示意图

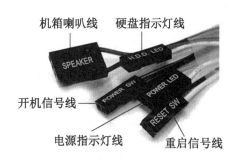

图 2-2-19 机箱面板连接线

图 2-2-20 实际插线情况

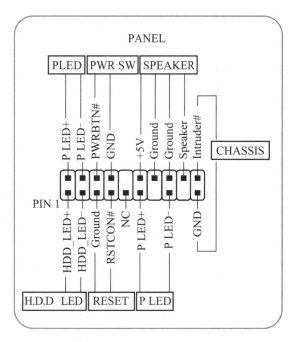

图 2-2-21 说明书中的连接示意图

1．电源开关（POWER SW）

电源开关是激发 ATX 电源向主板及其他各设备供电的信号，机箱面板连线一般为白、棕两色，如图 2-2-22 所示，插在主板上标示有"PWR SW"或"PWR"字样的插针上就可以，没有极性要求。

2．复位开关（RESET SW）

复位开关是用于重新启动计算机的。机箱面板连线一般为白、蓝两色，如图 2-2-23 所示，插在主板上标示有"RESET"或"RST"字样的插针上就可以，没有极性要求。

图 2-2-22　POWER SW 连接线

图 2-2-23　RESET SW 连接线

3．电源指示灯（POWER LED）

电源指示灯表示目前主板是否加电工作。机箱面板连线一般为白、绿两针或三针插头，插在主板上标示有"PWR LED"或"P LED"字样的插针上，如图 2-2-24 所示，由于采用发光二极管，所以连接是有方向性的。有些主板上会标示"P LED+"和"P LED-"，需将绿色端对应连接在 P LED+ 插针上，白色端连接在 P LED- 插针上。

4．硬盘指示灯（H.D.D LED）

硬盘指示灯可以标明硬盘的工作状态，当此灯闪烁时，说明硬盘正在进行存取工作。机箱面板连线通常为白、红两色，插在主板上标示有"H.D.D.LED"或"IDE LED"字样的插针上，如图 2-2-25 所示。与电源指示灯一样，它也是有极性要求的。有些主板上会标示"H.D.D.LED+"和"H.D.D.LED-"，需将红色端对应连接在 HDD LED+ 插针上，白线端连接在 H.D.D.LED- 插针上。

图 2-2-24　POWER LED 连接线

图 2-2-25　H.D.D. LED 连接线

提示： 由于发光二极管有极性，插反是不亮的，所以连接之后若指示灯不亮，不必担心接反会损坏设备，只需要将计算机关闭，把相应指示灯的插线反转连接就可以了。

5．扬声器（SPEAKER）

扬声器是主机箱上的一个小喇叭，可以提供一些开机自检错误信号的响铃工作。机箱面板连线通常为红、黑四针插头，插在主板上标示有"Speaker"或"SPK"字样的插针上，如图 2-2-26 所示。应注意红色端插正极，黑色端插负极。

图 2-2-26　SPEAKER 连接线

6. 前置 USB 接口连线和前置音频连线

目前绝大多数主板除了直接在背板上提供 USB 接口，还在主板上预留了 USB 接口的插针以供前置 USB 接口使用。机箱面板连线通常为双行四列或双行五列，插在主板上标注"FR USB"或"Front USB"等字样的插针上即可，如图 2-2-27 所示。

图 2-2-27　前置 USB 接口连接

机箱前置音频接口一般标注有"HD AUDIO"或"AAFP"字样，与 USB 2.0 看起来有点类似，但是两者防呆设计不同，不能互接，如图 2-2-28 所示。

图 2-2-28　前置音频接口连接

三、主板的选购

1. 支持 CPU 类型

选购主板时，应首先根据选用的 CPU 类型确定主板 CPU 插槽，目前主要分为 Intel 和 AMD 两大系列。

2. 芯片组型号

芯片组是主板的核心与灵魂，一块主板的功能强弱很大程度上是由芯片组的功能所决定的，目前芯片组的生产厂家主要有 Intel、AMD 等，绝大多数主板均搭载上述厂家的芯片组以提供相应产品的支持。

3. 对其他设备的支持

根据内存、显卡等其他设备来检验主板是否具备相应插槽。例如，是否具有 DDR4 或

DDR5 内存插槽，是否具有足够的 PCI-E X16 显卡插槽等。

4．做工与用料

首先，性能良好的主板普遍采用 4 层或 6 层 PCB 板，具备独特的多相电路供电设计，整体电路平整，无虚焊、漏焊或补焊；其次，I/O 接口与接插件普遍采用 AMP、富士康等品牌；再次，性能良好的主板具有质量可靠的板载芯片等。

5．厂商与售后服务

目前生产主板的较大厂商有华硕、微星、技嘉、华擎、升技等，一般主板提供一年保修服务，部分产品提供三年保修服务。

一线主板生产厂商

华硕成立于 1989 年 4 月 1 日，公司总部位于我国台湾省台北市北投区。2007—2010 连续四年跻身《财富》世界 500 强，成为最年轻的世界 500 强企业之一。据统计，华硕迄今为止累积下的主板销量，全世界每三台个人电脑中，就有一台安装了华硕主板。

技嘉成立于 1986 年，是中国台湾地区第二大专业主板制造商，如今在国内已成为一线主板品牌，出货量与同为一线的微星科技（MSI）不相上下，一贯以华丽的做工而闻名，但绝非华而不实。

微星成立于 1986 年 8 月，总部位于中国台湾新北市中和区，是全球前三大主板厂商和显卡生产商之一。

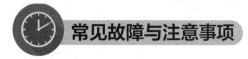

1．一台计算机，原先工作正常，在安装新设备后，开机不亮。

一般来说，主板在安装、固定时，必须将底部支撑螺钉上齐，同时机箱固定钢板应具有一定厚度，否则在安装设备等受力情况下，主板可能会发生一定的形变，导致部分焊点与金属底板接触从而短路，造成开机不亮等现象。

2．一台计算机，工作正常，使用较长时间后，出现频繁死机或蓝屏等现象。

此种故障产生原因较多，如灰尘、接插不良、电源供电不稳等均有可能，而电容质量往往是其中一个重要原因，主板上的电容元件是机器稳定工作的重要前提，目前较老型号的主板及部分低价主板中仍然采用液态电解电容，在使用较长时间后，容易出现电容"爆浆"，从而导致以上现象发生。

 达标检测

1. 请在如图 2-2-29 所示的主板中标识出 CPU 插座、芯片组、内存插槽、PCI-E 插槽和 SATA 插座。

图 2-2-29 主板组成

A: _____; B: _____; C: _____; D: _____; E: _____。

2. 请在如图 2-2-30 所示的机箱面板连接示意图中标识出相应的名称。

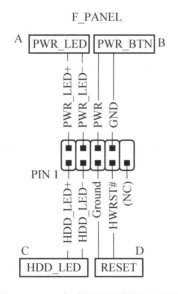

图 2-2-30 机箱面板连接示意图

A: _____; B: _____; C: _____; D: _____。

3. 如果你有一块"技嘉 Z390 UD"主板，那么在配置 CPU、内存、显卡、声卡、网卡等方面应注意什么？

任务 2.3 内存的安装与选购

任务目标

- 认识内存的品牌、类型
- 会正确安装 DIMM 系列内存
- 建立内存与主板的关联意识
- 了解内存的相关知识与概念

任务环境

可拆卸的一台计算机、螺丝刀、可上网的演示用计算机。

课前预习

一、连连看

请用线条将以下内存品牌与其对应的 Logo 连接起来。

现代   CORSAIR

金士顿   ADATA

海盗船   hynix
                        하이닉스반도체

威刚   apacer™

宇瞻   Kingston
                        TECHNOLOGY

二、判断题

1. 内存是计算机中永久性数据和程序的存储设备。　　　　　　　　　（　　）
2. 硬盘是计算机中用来临时存放数据的地方。　　　　　　　　　　（　　）

 知识准备

常见内存条的识别

目前常见的内存有：DDR3 DRAM、DDR4 DRAM、DDR5 DRAM。从外观上看，它们之间的差别主要在于长度和引脚的数量，以及引脚上对应的缺口位置。

DDR3 DRAM 内存具有 240 个引脚，引脚上只有一个缺口，缺口位置略偏向一侧，金手指部分平直，如图 2-3-1（a）所示。

DDR4 DRAM 内存具有 284 或 288 个引脚，引脚上只有一个缺口，缺口位置偏向一侧更多，金手指部分在两侧略呈弧形，如图 2-3-1（b）所示。

DDR5 DRAM 内存具有 288 个引脚，引脚上只有一个缺口，缺口位置与 DDR4 略有差异，金手指部分在两侧略呈弧形，如图 2-3-1（c）所示。

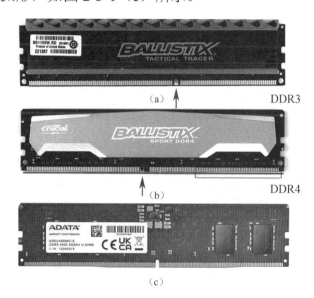

图 2-3-1　DDR3 DRAM、DDR4 DRAM 和 DDR5 DRAM 内存

 内容与步骤

一、内存的安装

目前，内存一般均使用 DIMM 内存插槽，因此安装方法基本相同。首先将主板内存插槽两侧的塑胶夹脚（通常也称为"保险栓"）向外侧扳动，使内存能够插入，如图 2-3-2 所示。

将内存引脚上的缺口对准内存插槽内的凸起，垂直地将内存插到内存插槽并压紧，听到咔嗒声后，保险栓自动卡住内存两侧的缺口，完成安装，如图 2-3-3 所示。

图 2-3-2　扳开保险栓并注意插槽内的凸起　　　图 2-3-3　对齐缺口后垂直插下内存

二、内存的选购

1．与主板配合

在选购内存之前，应根据主板说明书上支持的内存型号来确定购置内存的型号与最大容量。

2．与 CPU 配合

目前主流内存的内存控制器一般集成在 CPU 内部，因此选购内存时要查看选择的 CPU 是否支持要选择的内存型号。同时主流 CPU 的总线频率一般较高，与内存在读取数据的配合方面存在差异，因此选择内存型号时要注意内存的传输速度与 CPU 的总线频率相匹配，一般建议选择两根同容量同型号内存以组成双通道内存。当然，在具体购买内存前应了解清楚主板或 CPU 是否支持双通道内存。

3．尽量选择大品牌的盒装产品

目前较知名的品牌有 Samsung（三星）、Kingston（金士顿）、Apacer（宇瞻）、Geil（金邦）、ADATA（威刚）、Corsair（海盗船）、芝奇（G.Skill）等。一般来说，盒装产品在保修、稳定性和兼容性等方面表现较好。

 **知识补充**

一、内存插槽的分类

不同的内存必须安装在主板上的专用内存插槽上，目前使用的内存插槽多为 DIMM。

SIMM（Single In-Line Memory Module，单边接触内存模组）是 486 及较早的 PC 中常用的内存插槽。

DIMM（Dual In-Line Memory Module，双边接触内存模组）内存插槽指插槽的两边都有数据接口触片。

二、DDR5 内存

DDR5 内存技术标准在 2020 年正式制订并发布，目前在市场上已逐渐开始使用，与 DDR3、DDR4 内存相比，DDR5 内存性能更强，功耗更低，区别见表 2-3-1。

表 2-3-1　DDR3、DDR4 和 DDR5 的区别

	DDR3	DDR4	DDR5
内存频率	800～2133	2133～3200	3200～6400
针脚数	240	284 或 288	288
电压	1.5 V	1.2 V	1.1 V
常见容量	4 GB/8 GB/16 GB	8 GB/16 GB/32 GB	32 GB/64 GB/128 GB

三、双通道

有关"双通道内存"的相关技术知识可以自行查阅学习，这里提醒两点：

1．要组建双通道内存，一般应选择同品牌同容量同型号的两根或偶数根内存比较可靠。

2．主板必须支持双通道内存技术，一般在主板上会以不同颜色标识出同一组内存插槽，如图 2-3-4 所示，两根内存应插在颜色相同的一组插槽上。

图 2-3-4　主板双通道内存插槽

 常见故障与注意事项

1．一台计算机使用较长时间后，开机显示器不亮，无报警声或不停长声。

导致开机不亮的原因很多，但结合开机报警声现象判断，可能是由于灰尘堆积导致内存插接不良所致，可关机拔下内存，清理灰尘后用橡皮擦拭内存的金手指部分，再将其插回即可。

2．新机组装完成后，开机后闻到焦煳味，开机显示器不亮，无报警声或不停长声。

此情况多数为安装内存时未完全安装到位，导致内存的金手指并未与插槽充分接触，从而导致开机通电后内存被烧坏。此现象应引起足够重视，在安装内存时应仔细观察确认无误后方可开机。

 **达标检测**

1．不同的内存必须安装在主板上的专用内存插槽上，目前使用的内存插槽多为＿＿＿＿＿＿。

2．DDR5 内存与 DDR4 内存对比而言，新一代的 DDR5 比 DDR4 的工作频率更＿＿＿＿＿
（高、低），电压更＿＿＿＿＿（大、小）。

任务 2.4　硬盘等存储设备的安装与选购

任务目标

- 认识机械硬盘、固态硬盘等存储设备
- 能区分各存储设备的连接线缆与接口
- 能正确安装机械硬盘、固态硬盘
- 了解机械硬盘、固态硬盘等存储设备的性能指标

任务环境

可拆卸的一台计算机、螺丝刀、可上网的演示用计算机。

课前预习

一、连连看

利用 Internet 查找与以下硬盘的品牌相对应的 Logo，并用线条将二者一一对应连接起来。

希捷	**SAMSUNG**
西部数据	**SanDisk**
三星	SEAGATE
金士顿	WD Western Digital
闪迪	Kingston TECHNOLOGY

二、我爱记单词

（1）Hard Disk Drive（HDD），指的是计算机的＿＿＿＿＿（机械硬盘、固态硬盘）。

（2）Solid State Drive（SSD），指的是计算机的＿＿＿＿＿（机械硬盘、固态硬盘）。

知识准备

硬盘是计算机的重要组成部件之一，主要用来存放计算机数据和安装计算机软件，硬盘根据外观、组成结构、存储方式及接口类型等特点的不同，可以分为多种类型，本任务所谈到的机械硬盘、固态硬盘和移动硬盘均属于常见硬盘。

一、认识硬盘、接口与线缆

1．硬盘

机械硬盘（Hard Disk Drive，HDD），是计算机最主要的存储设备，用于存放程序和数据，如图 2-4-1 所示。

固态硬盘（Solid State Drive，SSD），是以存储芯片为主制成的硬盘，功能和机械硬盘相似，是高性能的存储设备。随着时代的发展，人们不断地对计算机的速度和性能提出更高的要求，而固态硬盘的价格也逐渐趋于平民化，在家用计算机市场上，固态硬盘成为快速提升电脑性能的重要部件，越来越多的家用计算机开始配备固态硬盘，如图 2-4-2 所示。

图 2-4-1 机械硬盘

图 2-4-2 固态硬盘

2．设备接口

目前，机械硬盘主要采用 SATA 接口。SATA 接口一般包括一个 15 针电源接口和一个 7 针数据线接口，如图 2-4-3 所示。

图 2-4-3 机械硬盘接口

固态硬盘接口较为多样，除了和普通硬盘相似的 SATA 接口以外，常见的还有 M.2 接口、PCI-E 接口等，如图 2-4-4 所示。

图 2-4-4　自左向右分别为固态硬盘 SATA 接口、M.2 接口和 PCI-E 接口

3．主板接口与线缆

主板上通常提供多个 SATA 接口、1～4 个 PCI-E 接口和 1～2 个 M.2 接口，如图 2-4-5 所示。线缆通常有 SATA 电源线和 SATA 数据线，如图 2-4-6 所示。

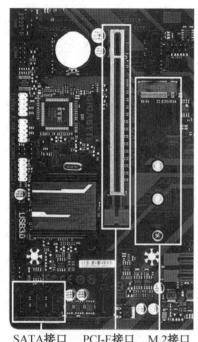

SATA接口　　PCI-E接口　　M.2接口

图 2-4-5　主板上的 SATA、PCI-E、M.2 接口

图 2-4-6　SATA 电源线和数据线

二、U 盘和移动硬盘

U 盘和移动硬盘是即插即用并且可以随身携带的存储器。

U 盘，英文名"USB flash disk"，如图 2-4-7 所示。它是一种微型高容量移动存储产品，可以通过 USB 接口与计算机连接，实现即插即用。U 盘的称呼最早来源于朗科公司生产的一种新型存储设备，名曰"优盘"，而之后生产的类似技术的设备由于朗科已进行专利注册，而不能再称之为"优盘"，而改称谐音的"U 盘"。

移动硬盘顾名思义是以硬盘为存储介质，在计算机之间交换大容量数据，强调便携性的存储产品，如图 2-4-8 所示。市场上绝大多数的移动硬盘都是以标准硬盘为基础的，因此移动硬盘在数据的读写模式方面与标准硬盘是相同的。移动硬盘主要采用 USB 接口，以较高的速度与系统进行数据传输。

图 2-4-7　U 盘　　　　　　　　　图 2-4-8　移动硬盘

三、存储卡

近年来，数码单反相机、行车记录仪、无线视频监控设备被广泛使用，这些设备大多通过一种特殊的存储器存储图片或视频资料，因存储器形状类似卡片，所以称之为存储卡。存储卡内的资料可以通过读卡器读取，有些机箱自带读卡器，给用户提供了很大的便利，如图 2-4-9 所示，存储卡的种类主要有 TF 卡、SD 卡、CF 卡等。

图 2-4-9　存储卡和机箱上的读卡器

 内容与步骤

一、机械硬盘的安装

根据硬盘的尺寸，将硬盘固定在机箱的 3.5 英寸固定架上，由于硬盘在工作时会高速旋转，因此在固定时需采用粗纹螺丝两侧固定，以保持设备运转时的稳定性，如图 2-4-10 所示。

将 SATA 数据线与 SATA 电源线分别插入硬盘的相应位置，另一端插入主板的相应位置，SATA 数据线和电源线均有 L 型接口防呆设计，安装方向错误无法安装，如图 2-4-11 和图 2-4-12 所示。

图 2-4-10　硬盘固定在 3.5 英寸　　　图 2-4-11　SATA 数据线连接　　　图 2-4-12　线缆连接图
　　　　　　固定架上　　　　　　　　　　　　　主板接口

二、固态硬盘的安装

固态硬盘根据接口的不同，安装方法也各不相同。

1. SATA 接口固态硬盘的安装

SATA 接口的固态硬盘和机械硬盘的接口一致，但尺寸不同，通常 SATA 接口的固态硬盘为 2.5 英寸，而机箱内的硬盘仓位大多是 3.5 英寸的，因此需要将 SATA 接口的固态硬盘先安装在 2.5 转 3.5 英寸的硬盘支架上，之后的安装步骤和机械硬盘相同，如图 2-4-13 所示。

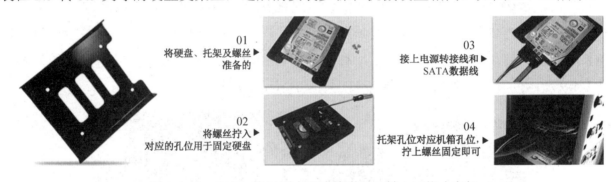

图 2-4-13　SATA 接口固态硬盘安装 2.5 转 3.5 英寸支架

2. PCI-E 接口固态硬盘的安装

根据固态硬盘的 PCI-E 接口形状，找到主板相对应的 PCI-E 接口，将固态硬盘轻轻按压，插入 PCI-E 接口，之后固定挡片拧紧螺丝，如图 2-4-14 所示。

图 2-4-14　PCI-E 接口固态硬盘安装

3．M.2 接口固态硬盘的安装

首先卸下主板 M.2 接口螺丝柱上的螺丝，将 M.2 接口固态硬盘有金手指的一端插入主板 M.2 插槽内，另一端悬空置于螺丝柱上方，将螺丝拧紧。悬空的目的是防止 M.2 接口固态硬盘底部和主板发生接触造成短路，如图 2-4-15 和图 2-4-16 所示。

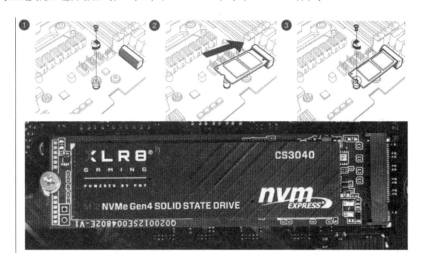

图 2-4-15　M.2 接口固态硬盘安装流程图

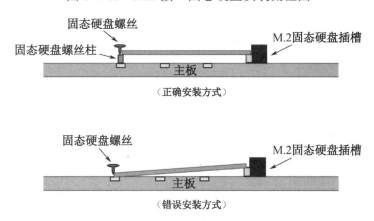

图 2-4-16　M.2 接口固态硬盘安装示意图

三、机械硬盘、固态硬盘的选购

1．选购机械硬盘应考虑以下几点：

（1）容量。一般来说，在能承受的价格范围之内，硬盘容量越大越好，同时注意尽量购买单碟容量大的硬盘，因为其性能比单碟容量小的硬盘高。

（2）转速。一般选择 7200 r/min 的产品，笔记本电脑应至少选择 5400 r/min 的产品。

（3）缓存。大容量缓存可以明显提高硬盘性能，目前一般硬盘的缓存有 32 MB、64 MB、128 MB、256 MB、512 MB 几种，在价格能承受的范围内，缓存容量越大越好。

2．选购固态硬盘应考虑以下几点：

（1）接口。固态硬盘的接口类型很多，目前常用的接口有 SATA 接口、PCI-E 接口、支持 NVMe 协议的 M.2 接口、支持 SATA 总线的 M.2 接口，购买时应根据主板适配情况进行

选购。

（2）容量。目前市场上从 120 GB～2 TB 甚至容量更大的硬盘也有，在能承受的价格范围之内，硬盘容量越大越好。

（3）闪存架构。闪存架构分为四种：SLC 单层存储单元、MLC 双层存储单元、TLC 三层存储单元、QLC 四层存储单元。这四种架构的闪存颗粒寿命从长到短、性能从高到低顺序依次为 SLC>MLC>TLC>QLC，在能承受的价格范围之内，建议购买闪存架构寿命长、性能高的。

固态硬盘有着读写速度快、性能稳定的优点，同时也有使用寿命短、出现损坏时数据基本无法恢复和价格高的缺点；而机械硬盘价格相对便宜，使用寿命长，数据一旦丢失也容易找回。在经济条件允许的情况下，可以兼顾两种硬盘的优缺点，采用固态硬盘作为操作系统盘，机械硬盘作为数据存放盘，搭配使用。

 知识补充

一、DVD 的规格与区码

对于 CD-ROM、CD-R、CD-RW 来说，光盘片容量一般为 650 MB 左右，而 DVD 则不同，一般 DVD 盘片的规格，见表 2-4-1。

表 2-4-1　DVD 规格

名称	格式	容量
DVD-5	单面单层	4.7 GB
DVD-9	单面双层	8.5 GB
DVD-10	双面单层	9.4 GB
DVD-18	双面双层	17 GB

出于保护知识产权的目的，厂家在生产 DVD 时，通常按照产品的销售范围设定了区码，不同区码之间的产品是不能相互兼容的。

蓝光光碟（Blu-ray Disc，BD）是 DVD 之后的新型光盘格式之一，用以存储高品质的影音及高容量的数据。蓝光光碟采用波长 405 nm 的蓝紫色激光光束进行读写操作（DVD 采用 650 nm 波长的红外激光，CD 则是采用 780 nm 波长的红外激光）。一个单层的蓝光光碟的容量为 25 GB 或 27 GB，足够录制一个长达 4 小时的高解析度影片。2008 年 2 月 19 日，随着 HD DVD 领导者东芝宣布在 3 月底退出所有 HD DVD 相关业务，最终由 SONY 主导的蓝光光碟胜出。

二、存储设备的容量之谜

硬盘、U 盘等存储设备在计算机内查看容量时，总会和标注容量不符，这是由于生产厂家的单位换算方式和计算机操作系统的方式不同所造成的。生产厂商按照 1000 进行单位换算，操作系统按照 1024 进行单位换算，如图 2-4-17 和图 2-4-18 所示。

图 2-4-17　U 盘容量

操作系统单位换算方式	生产厂家单位换算方式
1TB=1024GB	1TB=1000GB
1GB=1024MB	1GB=1000MB
1MB=1024KB	1MB=1000KB
1KB=1024B	1KB=1000B

32GB的U盘容量计算
生产厂家单位换算方式
32GB=32×1000×1000×1000=32 000 000 000B
操作系统单位换算方式
32 000 000 000B÷1024÷1024÷1024≈29.8GB
标注容量×0.93≈实际容量

图 2-4-18　32 GB 的 U 盘容量计算

三、硬盘生产厂商

希捷公司成立于 1979 年，是硬盘、磁盘和读写磁头制造商。希捷在设计、制造和销售硬盘领域颇有优势，提供用于企业、台式计算机、移动设备和消费电子产品。2006 年并购迈拓（Maxtor），2011 年 4 月收购三星（Samsung）旗下的硬盘业务。

西部数据是全球知名的硬盘厂商，成立于 1970 年，目前总部位于美国加利福尼亚州，在世界各地设有多个分公司或办事处，为全球用户提供存储器产品。

日立集团是全球最大的综合跨国集团之一，台式计算机硬盘、笔记本电脑硬盘都有生产。于 2002 年并购 IBM 硬盘生产事业部门。

三星是韩国最大的企业集团三星集团的简称。生产的硬盘用于台式计算机、移动设备和消费电子产品。

四、硬盘颜色代表的含义

美国西部数据公司为了更好地细分市场，把自己的硬盘分成了紫盘、绿盘、黑盘、蓝盘、红盘几个系列，紫盘是为监控硬盘录像设备专门设计的，适合 365 天×24 小时不间断运行的设备；绿盘适合家用，侧重于节能，其优点是发热量小，安静且环保，适合大容量存储，但是性能较差，延迟高；黑盘侧重于高性能，性能强劲，速度很快，适用于企业，一般用在吞吐量大的服务器上；蓝盘是介于绿盘和黑盘之间，性能较强，性价比非常高，缺点是声音较大；红盘则是为 NAS 专用数据网络存储设计的，性能好，功耗低，噪声小，有独特的技术，兼容性较好。

五、固态硬盘的相关术语

NVMe 传输协议：NVM Express（NVMe），或称非易失性内存主机控制器接口规范，是一个逻辑设备接口规范。NVMe 是一种高性能的、优化的、高度可扩展的存储协议，用于连接主机和内存子系统。NVMe 是专门为 NAND 闪存等非易失性存储设计的，NVMe 协议建立在高速 PCIe 通道上。

 常见故障与注意事项

1. 一台计算机，原先工作正常，最近出现文件丢失或文件损坏等现象。

一般来说，文件丢失或文件损坏可能是由于病毒或恶意软件破坏所致，因此在使用计算机的过程中，安装杀毒软件并及时更新病毒数据库，不下载来历不明的文件或软件，下载的文件或是 U 盘的文件建议通过杀毒软件杀毒后再使用。

2. 一台计算机，工作正常，在一次通电情况下搬动机箱后，出现蓝屏或频繁重新启动等现象，机箱内有异响。

此种故障产生原因较多，如系统文件丢失或损坏、硬盘损坏等均有可能，而硬盘损坏往往是其中一个重要原因。机械硬盘是计算机中最忙碌的高速运转部件之一，在使用过程中晃动、移动机箱容易造成硬盘物理性损坏，从而导致以上现象发生。因此在计算机使用过程中，尽量保持计算机的稳定放置，避免移动。

 **达标检测**

1. 接口'▭'的名称是＿＿＿＿＿＿。

2. SCSI 硬盘的转速通常在 10 000 r/min 以上，其单位用英文表示是＿＿＿＿＿＿。

3. SATA2.0 数据传输速率为＿＿＿＿＿bps，SATA3.0 数据传输速率为＿＿＿＿＿bps。

4. M.2 接口固态硬盘若想达到较高的数据传输速率，总线采用＿＿＿＿＿＿，协议选择＿＿＿＿＿＿。

5. 固态硬盘的闪存架构有＿＿＿＿＿＿、＿＿＿＿＿＿、＿＿＿＿＿＿和＿＿＿＿＿＿，其中寿命最长、性能最高的是＿＿＿＿＿＿。

6. 根据如图 2-4-19 所示的说明文字，写出产品名称，并记录从中得到的相关信息参数。

图 2-4-19

任务目标

- 了解显卡、显示器
- 能正确安装显卡、连接显示器
- 会合理选购显卡、显示器
- 了解显卡、显示器的性能指标

任务环境

可拆卸的一台计算机、螺丝刀、可上网的演示用计算机。

 课前预习

一、连连看

利用 Internet 查找与以下显卡及显示器品牌对应的 Logo，并用线条将二者一一对应连接起来。

显　卡　类		显　示　器　类	
七彩虹	**/ISUS**®	小米	**/IOC**
技嘉	msi	冠捷	HUAWEI
微星	COLORFUL 七彩虹	戴尔	mi
华硕	**GIGABYTE**™	华为	DELL™

二、我爱记单词

（1）英文名 Graphics Card，指的是计算机的_____（显卡、显示器）。

（2）英文名 Monitor，指的是计算机的_____（显卡、显示器）。

 **知识准备**

一、认识显卡和显示器

显卡和显示器是计算机系统中的标准输出设备，目前主流的显示器是 LCD 显示器，如图 2-5-1 所示。主流的显卡是具备 DP、DVI、VGA 或 HDMI 输出接口的 PCI-E 接口显卡，显卡接口与插槽如图 2-5-2 所示。

图 2-5-1　LCD 显示器

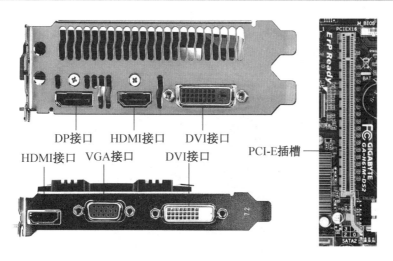

图 2-5-2　显卡接口与插槽

二、独立显卡与集成显卡

独立显卡是指独立于电脑主板的板卡，其性能远比板载显卡优越，不仅可用于一般性的工作，还具有完善的 2D 效果和很强的 3D 水平。

集成显卡是指芯片组集成了显示芯片，在价格方面较有优势，可以满足一般的家庭娱乐和商业应用。

 **内容与步骤**

一、独立显卡及显示器的安装

（1）将机箱独立显卡位置的扣具卸下，使用螺丝刀拧下顶部的螺丝，将挡片拆除，如图 2-5-3 所示。

图 2-5-3　拆卸挡片

（2）找到主板上的 PCI-E X16 显卡插槽，按压主板显卡插槽的尾部卡扣即可解锁，准备安装独立显卡，如图 2-5-4 所示。

图 2-5-4　解锁主板 PCI-E 插槽

（3）将独立显卡的金手指部分对准主板上的 PCI-E X16 显卡插槽垂直插入并稍用力向下按压，使显卡的金手指部分完全插入插槽，如图 2-5-5 所示。

（4）拧上螺丝将显卡固定在机箱上，并将扣具也安装回去，如图 2-5-6 所示。

图 2-5-5　向 PCI-E 插槽插入显卡　　　　　　　图 2-5-6　固定显卡

（5）如果独立显卡没有独立供电接口，这时就已经安装完毕了；如果独立显卡有独立供电接口，就需要找到电源上的显卡供电接口，如图 2-5-7 所示的独立显卡是 8PIN 独立供电，因此插入电源上的 8PIN 供电接口即可。

图 2-5-7　显卡供电接口及插入供电接口

（6）供电线路连接之后，独立显卡安装完毕。

显示器的安装较为简单，请自行参阅前面内容。

二、显卡与显示器的选购

1. 显卡的选购要点

（1）需求是关键

显卡价格从百元到数千元不等，因此在选购时先确定自己的需求。如果仅仅是一般办公与普通游戏使用，那么集成显卡完全可以满足需求；而如果对游戏性能需求较高，则需要额外选配独立显卡。

（2）显卡芯片

显卡上的显示芯片（GPU）起到类似 CPU 的作用，因此显示芯片的档次往往决定了一款显卡的基本性能。目前显卡芯片的生产厂商主要以 NVIDIA 和 AMD 为代表（2006 年 ATI 被 AMD 收购，并于 2010 年换用新 Logo），如图 2-5-8、图 2-5-9 所示。其中 NVIDIA 最著名的系列为 GeForce，AMD 最著名的系列为 Radeon。

图 2-5-8　NVIDIA Logo　　　　图 2-5-9　ATI 的旧 Logo（左）和新 Logo（右）

一般来说，显示芯片的标号越大越好，但也要注意以下原则，ATI 与 NVIDIA 型号对照表见表 2-5-1。

表 2-5-1　ATI 与 NVIDIA 型号对照表

ATI	NVIDIA
XTX > XT PE > XT > XL > Pro/GT > SE	RTX > GTX > GTS > GT > G
SE 代表简化版	G 代表低端入门产品
GT 代表标准版 Pro 代表标准版中的高频版	GT 代表入门产品
XL 代表高端系列中的较低端型号 XT 代表高端系列	GTS 代表主流产品
XT PE 代表高端系列中的高端型号	GTX 代表高端产品
XTX 代表最高端版本	RTX 代表新一代高端产品（搭载光线追踪技术）

注：ATI 自 HD3000 以后均直接以数字标明

下面分别以 NVIDIA GeForce GTX 2080 TI 和 AMD Radeon RX 6700 XT 为例说明显卡命名的含义，见表 2-5-2。

表 2-5-2　AMD 与 NVIDIA 显卡命名举例

NVIDIA GeForce GTX 2080 TI 显卡命名的含义						
NVIDIA	GeForce	GTX	20	8	0	TI
品牌名	显卡系列名称	代表显卡定位	代表显卡世代	代表显卡性能档次的定位	代表常规显卡	代表特殊版本

续表

AMD Radeon RX 6700 XT 显卡命名的含义						
AMD	Radeon	RX	6	70	0	XT
品牌名	显卡系列名称	代表显卡 细分名称	代表显卡世代	代表显卡性能档次的定位	代表常规显卡	代表特殊版本

（3）接口类型

目前主流独立显卡通常都是 PCI-E X16 标准接口的显卡，而连接显示器端输出接口类型较多，有 VGA、DVI、HDMI、DP 等，建议根据需要适配选购。

（4）显存

显存容量决定在高分辨率情况下显卡的图形性能和是否能开启所有特效。一般来说，显存容量=分辨率×颜色位数/8，但考虑到图形性能和游戏性能，一般用户可配置 2 GB 的显存，游戏玩家可配置 8 GB 以上的显存，但同时还要考虑显存类型、频率与位宽。

（5）电源

显卡性能不断提升的代价就是需要越来越强劲的电源供应，低端显卡一般需要 500 W 或 550 W 电源，而中高端显卡需要独立供电，推荐至少 800 W 以上的电源。

（6）品牌

目前较知名的品牌有 NVIDIA、AMD、技嘉、华硕、七彩虹、微星等。

2．显示器的选购要点

（1）面板类型

目前绝大多数液晶显示器均采用 LED 背光技术，使用的液晶面板为 TN、IPS 或 VA 面板，建议选用 IPS 或 VA 面板的液晶显示器，如果用于专业电子竞技比赛使用，可考虑选用传统 TN 面板的液晶显示器。

（2）可视角度

以水平视角为主要参数，该值越大则可视角度越大，一般水平视角应不低于 140°。

（3）亮度、对比度

亮度是反映液晶显示器性能的重要指标之一，液晶显示器的画面亮度以流明（cd/m^2）表示，亮度一般要求大于 300 流明。对比度则是最大亮度和最小亮度值的对比值，对比度越高，图像越清晰，一般要求对比度大于 300∶1，然而目前许多显示器所标明的动态对比度仅是在特定情况下的指标，在选购中基本无实用价值。

（4）响应时间

响应时间是液晶显示器的特定指标，响应时间越短，像素反应越快，而响应时间长，在显示动态影像（甚至是鼠标的光标）时，会有较严重的显示拖尾现象。目前液晶显示器的标准黑白响应时间应该在 5 ms 以下，然而目前许多液晶显示器会标注灰阶响应时间，因为灰阶响应时间会受到多种因素影响，一般来说灰阶响应时间在 4 ms 以下即可。

（5）尺寸与最佳分辨率

液晶显示器逐步向大屏幕、高分辨率方向发展，根据使用环境与习惯，目前建议选择 27 英寸以上的液晶显示器，同时考虑到接口适应度、字体大小等相关情况，一般来说，选择分辨率大于或等于 2K（即分辨率 2560*1440）即可，对分辨率要求较高的也可以考虑较为热门的 4K 或 5K 显示器。

与 CRT 显示器不同，液晶显示器正常工作时，并非分辨率越大越好，而是工作在与液晶面板制作时晶体密度相关的物理分辨率下显示效果最好，即最佳分辨率。

（6）刷新率

刷新率是指屏幕上每秒画面被刷新的次数，刷新率越高画面的稳定性就越好。我们看到的视频及动画，都是一张张图片快速播放处理的，当显示器刷新率为 60 Hz 的时候，1 秒钟可以播放 60 张图片，整体画面就会比较流畅；当刷新率是 30 Hz 的时候，画面就会卡顿，也就是掉帧。现在市面上的显示器，基本上都是 60 Hz 以上的。

（7）坏点数

液晶显示器在生产加工时，由于工艺原因往往会形成坏点，坏点一般分为亮点或暗点，即在屏幕全暗（亮）时显示白（黑）色，按照国家三包规定，屏幕坏点数在 1～3 个之内视为合格产品，目前大品牌高端产品往往能做到无坏点，在选购时要注意挑选。

（8）品牌

较知名的品牌有优派、三星、小米、飞利浦、HKC、LG、冠捷、华为、明基、戴尔等。

 **知识补充**

3D 显示器（如图 2-5-10 所示）一直被公认为是显示技术发展的终极梦想，现已开发出需佩戴立体眼镜和不需佩戴立体眼镜两大立体显示技术体系。传统的 3D 电影在荧幕上有两组图像（来源于在拍摄时互成角度的两台摄影机），观众必须戴上偏光镜才能消除重影（让一只眼只接受一组图像），形成视差，产生立体感。而现在利用自动立体显示技术，即所谓的"真3D 技术"，就不用戴上眼镜来观看立体影像了。利用两只眼睛分别接受不同的图像，来形成立体效果。

图 2-5-10　3D 显示器

核芯显卡是新一代的智能图形核心，它整合在智能处理器当中，依托处理器强大的运算能力和智能能效调节设计，在更低功耗下实现同样出色的图形处理性能和流畅的使用体验。AMD 带核芯显卡的处理器被 AMD 称之为 APU（加速处理器），英特尔带核芯显卡的处理器研发的较 AMD 稍晚一些，目前的酷睿 I3、I5、I7、I9 系列部分 CPU 都带有核心显卡。

常见故障与注意事项

1．一台计算机，原先工作正常，最近出现黑屏现象。

一般来说，如果开机黑屏，且机箱喇叭发出"嘀……嘀嘀……"1 长 2 短连续的报警声，说明显卡没插好，或是接触不良。这时请关闭电源，打开机箱，取出显卡，用橡皮擦轻轻擦拭显卡金手指部分，然后重新插好显卡，并将面板螺丝拧紧。如果故障依旧，可能是显卡硬件出问题了，建议将显卡拿到其他正常使用的机器上试一下，若确认是显卡问题，建议更换显卡。

2．一台计算机，工作正常，更换显卡后出现花屏现象。

此种故障产生原因较多，如显卡损坏、安装错误、显卡驱动程序错误、显示器分辨率设置过高等均有可能，检查显示器或显卡的连线是否松动，显示器的分辨率或刷新率是否设置过高，是否安装了不兼容的显卡驱动程序，从而找到问题所在。推荐使用经过微软认证的驱动程序，最好使用显卡厂家提供的驱动程序。

达标检测

1．GPU 是_____的核心，是其性能强弱、价格高低的关键。

2．显卡芯片有两大阵营。因此，有俗称的"A 卡""N 卡"两种显卡。A 卡是指以_____作为显示芯片的显卡，N 卡是指以_____作为显示芯片的显卡。

3．当前主流的显卡输入/输出（I/O）接口有_____、_____、_____、_____。

4．当前主流的显示器比例：普屏比例有_____：_____、5：4；宽屏比例有_____：_____、16：10。

5．显示器屏幕上两个发光点之间的距离称为_____。

6．某计算机更换显示器后，开机上电无显示，主机蜂鸣器报警 1 长 2 短，则可能的故障部位是_____。

7．如图 2-5-11 所示为 LCD 显示器部分参数，请根据图示，简要说明一下 LCD 显示器中最佳分辨率的含义。

8. 根据显卡检测软件 GPU-Z 的截图（如图 2-5-12 所示），分析显卡相关信息。

基本参数	
产品类型	LED 显示器，广视角显示器，曲面显示器，护眼显示器
产品定位	影音娱乐
屏幕尺寸	27 英寸
最佳分辨率	1920x1080
屏幕比例	16:9（宽屏）
高清标准	1080p（全高清）纠错
面板类型	VA
背光类型	LED 背光
屏幕曲率	1800R
静态对比度	3000:1
响应时间	4ms
显示参数	
点距	0.3114mm
亮度	250cd/m²
可视角度	178/178°
显示颜色	16.7M

图 2-5-11　LCD 显示器部分参数

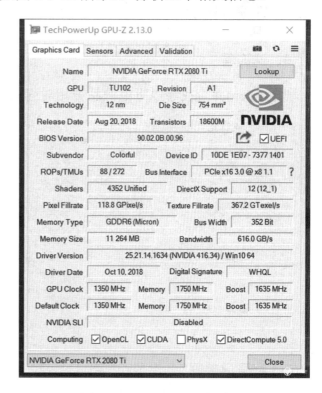

图 2-5-12　GPU-Z 软件截图

任务 2.6 机箱和电源的安装与选购

任务目标

- 了解机箱和电源的作用和分类
- 掌握机箱和电源的安装方法
- 会正确连接机箱、电源与主板之间的连线
- 掌握机箱和电源的选购性能指标

任务环境

可拆卸的一台计算机、螺丝刀、可上网的演示用计算机。

 课前预习

一、连连看

利用 Internet 查找与以下电源品牌相对应的 Logo，请用线条将二者一一对应连接起来。

安钛克

航嘉

长城

鑫谷

酷冷至尊

二、我爱记单词

（1）机箱的英文单词是_____。

（2）电源的英文单词是_____。

 知识准备

一、认识计算机电源

目前计算机电源的主要规格是 ATX 电源，如图 2-6-1 所示，为配合计算机其他部件的工作，ATX 电源的规格也在悄然变化，目前较为常见的是 ATX 12 V 2.X 版本的电源。

二、认识计算机机箱

机箱作为计算机配件的一种，它的主要作用是放置和固定各种计算机配件，起到一个承托和保护作用，此外，计算机机箱具有屏蔽电磁辐射的重要作用，如图 2-6-2 所示。

图 2-6-1　ATX 电源　　　　　　　　　　图 2-6-2　机箱

目前使用的机箱按外形可分为立式和卧式两种，按高度可分为半高（通常所说的 MicroATX 规格即为此类）和全高两种，品牌机根据自身设计需求则仅能使用非标准尺寸机箱。

内容与步骤

一、机箱、电源及机箱连接线的安装

不同的机箱有不同的安装方法，但基本大同小异。

打开机箱外包装，随机箱会附有螺丝等附件，注意观察机箱内部结构，如图 2-6-3、图 2-6-4 所示。

图 2-6-3 机箱的各个面板

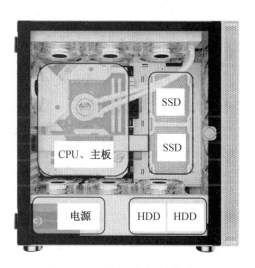

图 2-6-4 机箱内部结构分布

为了防止灰尘进入机箱内部，从主板附件中找到后挡板，观察机箱安装挡板的相应位置，注意从机箱内安装挡板，因为后续主板的键盘接口、鼠标接口、USB 接口、网络接口都要通过挡板上的孔和外设连接，如图 2-6-5 所示。

图 2-6-5 机箱后挡板与安装

如图 2-6-6 所示，用粗纹螺丝固定电源。

图 2-6-6 电源安装

如图 2-6-7 所示，将电源的双列 24PIN 插头对应插入主板供电的 24PIN 电源插座中。

图 2-6-7　电源 24PIN 插头插入主板对应的插座

如图 2-6-8 所示，将双列 8PIN12V 插头插入主板的 CPU 供电 8PIN 插座中，如果主板是入门级，只有 4PIN，那么插入 4PIN 的 CPU 供电接口，另外多余的 4PIN 闲置即可。

图 2-6-8　电源 8PIN 插头插入主板对应的 CPU 供电插座

机箱面板连线的连接方法、其他配件的连接方法，参见本书相应项目。

二、机箱及电源的选购

1．选择机箱时应考虑

（1）机箱的尺寸（标准 ATX、Micro-ATX）应与使用的主板规格相符。

（2）机箱的刚性是否能保证各部件可靠固定，一般机箱的钢板板材厚度至少要有 0.8 mm，而且钢板的质量一定要好，铝制板材的厚度建议不低于 1 mm，所有手指可触及的钢板边缘都应采用卷边设计，防止意外划伤手指。

（3）是否有足够的可扩展槽位，能够方便地安装和拆卸配件。

（4）是否有足够的前面板接口以方便连接外设。

（5）机箱内部的风道设计是否能够合理地将热气排出（建议选择下置电源设计），是否支持走背线。

2．选择电源时应考虑

（1）电源的功率是否够用，一般电源应选择 ATX 12 V、额定功率 500 W 以上的电源。

（2）电源与主板规格是否相符。

（3）经验：一般重量越重则电源越好，配备的变压器越大、线材越粗则电源越好，配备双风扇或大尺寸风扇的电源一般更好。应着重查看是否具备 3C 认证。

（4）观察电源铭牌中的+12 V 输出电流，如图 2-6-9 所示。一般来说，其输出电流越大，可支持的 CPU 规格越高。

图 2-6-9　电源铭牌

一、CCC 认证（3C 认证）

"强制性产品认证制度"是各国政府为保护消费者人身安全和国家安全，加强产品质量管理，依照法律法规实施的一种产品合格评定制度。所谓 3C 认证，就是中国强制性产品认证制度。微型计算机产品是国家首批实施 3C 认证的产品大类之一。

3C认证

二、FCC 认证

美国联邦通信委员会（Federal Communications Commission，FCC）于 1934 年由 Communication Act 建立，是美国政府的一个独立机构，为确保与生命财产有关的无线电和电线通信产品的安全性，同时进行电磁兼容性检查。

FCC认证

三、80 PLUS 认证

80 PLUS 计划是由美国能源署出台的一项全国性节能现金奖励方案。主要目的是为降低能耗，鼓励系统商在生产台式机或服务器时选择电源转化效率较高的电源。80 PLUS 分为白牌、铜牌、银牌、金牌、铂金牌、钛金牌等六个层次，如图 2-6-10 所示。

认证标志	80 PLUS	80 PLUS BRONZE	80 PLUS SILVER	80 PLUS GOLD	80 PLUS PLATINUM	80 PLUS TITANIUM
标识名称	白牌	铜牌	银牌	金牌	铂金	钛金
负载	转换效率					
20%	80%	81%	85%	88%	90%	94%
50%	80%	85%	89%	92%	94%	96%
100%	80%	81%	85%	88%	91%	91%

图 2-6-10　80 PLUS 认证和转换效率

 常见故障与注意事项

1．一台计算机，原先工作正常，新购一块网卡，用力插入计算机后，开机不亮。

前面我们提到，在打开机箱时，会看到各种小附件，如螺丝、支撑铜柱等，这些附件在安装过程中都是有严格标准的，不能因为省事而不装或少装，否则容易在受力时造成部件的变形而接触不良。例如，一般标准 ATX 机箱必须在底板上固定 6 个以上支撑铜柱，而如果图省事仅安装 2～4 个，则可能造成主板固定不稳或受力时主板变形出现短路现象。

2．电源输出功率不足引起的常见故障。

（1）在机器中安装多个硬盘和光驱时，往往会出现一旦使用光驱，则机器自动重启等现象。

（2）硬盘出现坏磁道、光驱读盘性能不好、超频不稳定、显示屏上有水波纹、经常莫名其妙地重新启动等。

这些情况均有可能是由于电源输出功率不足所引起的。因此在选用电源时，如何根据机器配置情况选用合适的电源，就比较重要。

 达标检测

1．写出以下 4 种电源接口的名称。

_____　　_____　　_____　　_____

2．机箱内部直流电压最高为（　　）V，因此对操作者是比较安全的。

　　A．12　　　　　B．36　　　　　　C．220　　　　　　D．110

3．ATX 2.0 电源采用（　　）控制是否给主板电路以触发电路。

　　A．机械开关　　B．变频开关　　C．跳线　　　　　D．电磁信号

任务 2.7　其他常见外设的安装与选购

📗 任务目标

- 了解键盘、鼠标、打印机、扫描仪等外设的作用与分类
- 能正确安装键盘、鼠标、打印机、扫描仪等外设
- 会合理选购键盘、鼠标、打印机、扫描仪等外设

🖥 任务环境

可拆卸的一台计算机、螺丝刀、可上网的演示用计算机。

课前预习

一、连连看

利用 Internet 查找与以下键盘、鼠标及打印机品牌对应的 Logo，并用线条将二者一一对应连接起来。

罗技

达尔优

雷蛇

双飞燕

雷柏

佳能

惠普

爱普生

RAZER

雙飛燕 A4TECH®

DAREU

rapoo

logitech

EPSON

Canon

hp

二、我爱记单词

（1）键盘的英文单词是_____。

（2）鼠标的英文单词是_____。

（3）NIC（Network Interface Card）的中文名称是_____。

（4）UPS（Uninterruptible Power Supply）的中文名称是_____。

 知识准备

了解各种常见外设

1．键盘和鼠标

键盘和鼠标是计算机系统中的标准输入设备。键盘按工作原理可分为机械键盘、薄膜式键盘、导电橡胶式键盘和静电电容键盘，鼠标和键盘按连接方式可分为有线和无线两种，如图 2-7-1 所示，按外形可分为普通和人体工程学两类。

2．音箱和耳麦

如图 2-7-2 所示，音箱是将音频信号转换为声音的一种设备，耳麦是耳机和麦克风的整合体，它与音箱根据与计算机的连接方式分为有线和无线两种类型，根据接口一般分为 3.5 mm 和 USB 两种接口。

图 2-7-1　有线键盘鼠标和无线键盘鼠标

图 2-7-2　音箱和耳麦

3．打印机

打印机是计算机系统中的标准输出设备。目前常用打印机可分为针式、喷墨和激光三种，如图 2-7-3 所示，其中针式打印机通常用于存折及票据打印等特殊用途。

（1）针式打印机

撞击式打印机，通过打印针的撞击将色带上的颜色附着在纸张上，色带是针式打印机最主要的耗材。

（2）喷墨打印机

通过将墨滴喷射到打印介质上来形成文字或图像，墨水及墨盒是喷墨打印机最主要的耗材。

（3）激光打印机

将打印内容转变为感光鼓上以像素点为单位的点阵位图图像，再转印到打印纸上形成打印内容。碳粉及硒鼓是激光打印机最主要的耗材。

针式打印机　　　　喷墨打印机　　　　激光打印机

图 2-7-3　针式、喷墨和激光打印机

4．扫描仪

扫描仪是一种利用光电转换原理的图像输入设备。一般可分为手持式、平板式、滚筒式等类型，目前使用较多的是平板式扫描仪，采用 USB 接口连接，如图 2-7-4 所示。

5．摄像头

如图 2-7-5 所示，作为一款非标准输入设备，摄像头在我们的生活中发挥着越来越大的作用，通过摄像头可以和网友视频聊天，利用摄像头可以进行拍照和视频的摄制，还可以进行环境的监控等。

目前常用的摄像头多数采用 USB 接口方式，直接连接在计算机空闲的 USB 接口上即可完成硬件安装工作。

6．UPS

UPS（不间断电源）能够在断电后，通过电池继续为计算机等设备供电，一般可分为后备式（断电时快速切入工作）与在线式（一直工作）两种，如图 2-7-6 所示。

图 2-7-4　扫描仪　　　　图 2-7-5　摄像头　　　　图 2-7-6　UPS

 内容与步骤

一、常见外设的安装

1．USB 接口常见外设安装

常见外设如键盘、鼠标和摄像头等，通常都是通过 USB 接口与计算机相连接。打印机和扫描仪等外设除了通过 USB 接口连接计算机，还需要安装电源连接线。除了硬件连接安装，还需要安装相应驱动程序。如何安装驱动程序，本书"任务 3.4"有详细介绍，此处不再赘述。

2．其他接口常见外设安装

其他接口常见外设如音箱、耳麦，通常通过自带音频连接线与计算机的音频接口连接即可使用；UPS（不间断电源）的连接方法是将计算机电源线与 UPS 的输出接口相连接。

二、常见外设的选购

1．键盘的选购

（1）手感

根据个人喜好选择手感舒适的键盘，同时根据工作性质可选择人体工程学键盘。

（2）按键数目

一般选择 107/108 键键盘，有些键盘会增加很多多媒体功能键，安装驱动程序后可实现快捷功能。

（3）键帽

观察键帽上的文字是否平整，平整的一般是激光蚀刻的，不易脱落，如有凹凸感，则可能是印刷的，时间长了较易脱落。

（4）防水

一般家庭使用，要注意键盘的防水性能。

（5）品牌

较知名的品牌有微软、罗技、明基、双飞燕、爱国者、多彩等。

2．鼠标的选购

（1）解析度

鼠标的内在性能和解析度有着密切的关系。简单来说，鼠标的解析度越高，鼠标会越灵敏，一般选择解析度在 1000 dpi 以上的即可。

（2）刷新率

刷新率越高的鼠标每秒所能传回的成像次数越多，所形成的图像也就越精准。

（3）外观

根据个人喜好挑选适合自己的鼠标，选购时应和手形对照以求舒适。

（4）鼠标类型

目前市场上的鼠标类型基本分为光电式和激光式两种，一般选购光电式即可。

3．音箱的选购

（1）注意与声卡的配合，不同声道数的声卡需要不同数量的音箱配合。

（2）尽量选购木质音箱，以取得更好的声音质量。

4．耳机的选购

（1）外形上要求耳机应具有柔软和舒适的耳垫及压力较小的头环以适于佩戴。

（2）一般要求其最低要达到 20 Hz～20 kHz 的频率范围，大于 94 dB/mW 的灵敏度，大于 100 mW 的最大功率，小于 0.5%的谐波失真等。

5．打印机的选购

家庭使用一般建议配置彩色喷墨打印机，选购时应注意以下指标：

（1）颜色数

更多的颜色数代表着更好地色彩表现力，目前市场上一般的喷墨打印机均为 4 色打印机，即 3 个彩色墨盒加 1 个黑色墨盒，如果想要打印质量较高的照片，建议选择 6 色打印机。

（2）分辨率

分辨率的单位是 dpi（dots per inch，每英寸的墨点数），分辨率越高，图像自然越清晰。一般打印文字分辨率达到 360 dpi×360 dpi 即可，照片打印则要求分辨率达到 2400 dpi×1200 dpi 以上。

（3）打印速度

打印速度的单位是 PPM（pages per minute，每分钟打印页数）。对于家庭用户，由于打印量通常较小，速度并不是太重要。

（4）打印成本

根据墨盒的实际价格及墨盒标称的打印总张数加以确定。

（5）品牌

目前较知名的打印机品牌有爱普生、佳能、惠普、利盟、联想等。

6．扫描仪的选购

扫描仪的选购中重点关注分辨率，所谓分辨率是指扫描仪在每平方英寸中能检测到多少点（dpi），扫描仪的分辨率分为光学分辨率、机械分辨率、内插分辨率。

光学分辨率是有实际意义的分辨率，其取决于扫描头上传感器 CCD 的数量，与扫描仪透镜的质量也有关系。光学分辨率定义扫描仪的水平分辨率，即扫描行方向的分辨率。

机械分辨率是扫描目标时，扫描仪传感器阵列每英寸的步数，其取决于扫描仪马达的精确性。通常所说的光学分辨率 1200 dpi×1200 dpi，即一个指光学分辨率，一个是指机械分辨率。

内插分辨率是利用软件图形处理技术来提升扫描后图片的分辨率，其实际意义不大。

7．摄像头的选购

针对摄像头的用途而定，如果仅作为视频聊天、网课教学使用，建议使用 200 万像素、最大分辨率为 1600 dpi×1200 dpi 的摄像头即可，同时尽量选择玻璃材料的镜头。如果作为安防监控摄像使用，建议使用 300 万及以上像素的摄像头。

8．UPS 的选购

家用 UPS 的选购需要关注 UPS 的输出功率（单位：VA，伏安），输出功率＝负载用电功率/0.64。其中 0.64 为经验系数。例如：某设备 400 W，则需购买输出功率大于等于 625VA（400/0.64）的 UPS。

一、人体工程学的概念

1993 年，微软公司的专业研发人员用 2 年的时间，充分研究人类手部的特点，终于推出第一款符合人体工学设计的鼠标 Microsoft Mouse 2.0。从此以后微软就开始了对人体工程学与 PC 外设相结合的研究，开展了大量对于人类机理的研究工作，于 1994 年推出了人类历史上第一款人体工程键盘——Natural Keyboard（以下简称 NK），如图 2-7-7 所示。

图 2-7-7　人体工程学键盘和鼠标

NK 对键盘区域进行了重新划分，在不改变键盘原有键位的情况下，将主键盘区从中间分开成两部分，这样不仅有助于人们养成良好的打字习惯，更使得手掌与小臂在进行键盘操作时形成一条直线，有效地抑制了长时间打字对手腕造成的疲劳和损伤。

二、机械键盘

机械键盘的每一颗按键都有一个单独的开关来控制闭合，这个开关也被称为"轴"，机械键盘可分为传统的茶轴、青轴、黑轴和红轴。每一个按键都由一个独立的微动组成，按键段落感较强，具有使用寿命长、手感好和价格较高的特点。一般来说黑轴是这四种主流轴里被认为最具典型性、最原始、最纯粹的机械轴，广泛适用于各种人群，由于它有着超短触发距离与最长使用寿命，因此被游戏玩家所推崇；青轴特别适合打字，但是噪声太大，容易影响他人；茶轴敲击按键的感觉非常舒适，力度适中，适合多种环境；红轴的力度较轻，手指悬于键盘上容易误触，不建议入门者使用，红轴造价是所有轴里最高的，无论是游戏还是打字抑或其他应用都能够得心应手，特别适合长期使用。

三、投影键盘

投影键盘是一种用投影来作为输入方式的设备，采用内置红色激光发射器，可以在任何物体表面投影出标准键盘的轮廓，通过红外线技术跟踪手指的动作，完成输入信息的获取，如图 2-7-8 所示。在使用这款键盘时，只需敲击投影出的"键盘"按键，即可完成与普通键盘一样的输入操作，而且用户还可以选择打开或关闭按键音。打开按键音打字，投影键盘甚至可以发出和机械键盘类似的键入音。投影键盘采用蓝牙技术进行无线信号传输，携带方便，体积较小，可以进行放大或缩小等手势操作，但没有实体键盘的触感，因此容易误触。

四、3D 打印

3D 打印是一种以数字模型文件为基础，运用粉末状金属或塑料等可黏合材料，通过逐层打印的方式来构造物体的技术，如图 2-7-9 所示。3D 打印通常是采用数字技术材料打印机来实现的。常在模具制造、工业设计等领域被用于制造模型，后逐渐用于一些产品的直接制造，目前已有使用这种技术打印而成的零部件。该技术在珠宝、鞋类、工业设计、建筑、工程和施工（AEC）、汽车、航空航天、牙科和医疗产业、教育、地理信息系统、土木工程、枪支及其他领域都有应用。日常生活中使用的普通打印机可以打印电脑设计的平面物品，而 3D 打印机与普通打印机工作原理基本相同，只是打印材料有些不同，普通打印机的打印材料是墨水和纸张，而 3D 打印机内装有金属、陶瓷、塑料、砂等不同的"打印材料"，是实实在在的原材料，打印机与电脑连接后，通过电脑控制可以把"打印材料"一层层叠加起来，最终把计算机上的蓝图变成实物。

图 2-7-8　投影键盘　　　　　图 2-7-9　3D 打印机及打印作品

🕐 常见故障与注意事项

1．键盘、鼠标突然同时失灵。

键盘、鼠标突然同时失灵，在排除硬件故障的前提下，通常是因为计算机的前置 USB 接口电源不足或故障，属于比较常见的问题，如果是供电不足，尝试更换至机箱背部接口使用。

2．家庭用两台计算机，连接有 UPS，一台计算机打开时工作正常，当打开另一台计算机时，第一台计算机自动重启。

此现象往往是由 UPS 的输出功率不足引起的。因此在选购 UPS 时，应仔细计算负载功率，以选购合适输出功率的 UPS。

3. 一台喷墨打印机，装好墨盒后长期未使用，再次使用时打不出字。

喷墨打印机在墨盒拆封后，应及时使用，如长期不使用，墨水凝结后容易堵塞喷嘴，造成打不出字的现象，可使用附带软件工具箱中的"清洗墨头"工具进行清洗。如无法解决，可尝试更换墨盒。

 **达标检测**

1. 下列设备中，可以将图片输入计算机的是（　　　）。

　　A．绘图仪　　　　　　　　　　B．键盘

　　C．扫描仪　　　　　　　　　　D．打印机

2. 判断题

（1）鼠标移动的精确度以 dpi 为单位，数值越大鼠标越灵敏。　　　　　　（　　）

（2）人体工程学键盘最早是由罗技公司推出的。　　　　　　　　　　　（　　）

（3）使用红外线和蓝牙的无线键盘，没有方向性，可以自由移动。　　　（　　）

（4）对于激光打印机而言，硒鼓不仅决定打印质量的好坏，也决定打印机的价格和档次。

　　　　　　　　　　　　　　　　　　　　　　　　　　　　　　　　（　　）

（5）扫描仪的内插分辨率越高，则扫描仪性能越好。　　　　　　　　　（　　）

任务 2.8　常用网络设备的安装与选购

任务目标

- 认识网线、交换机、路由器等简单网络中常见的网络设备设施
- 掌握小型局域网络基本的网络互联方法
- 会合理选购交换机、路由器等网络设备

任务环境

网线、交换机、可连接外网的无线路由器、演示用计算机。

 **课前预习**

一、填名称

利用 Internet 查找相关设备的图片，并尝试写出下面图片所示的设备名称。

名称：_____ 名称：_____ 名称：_____

二、我爱记单词

1. Router 的中文意思是_____。
2. Switch 的中文意思是_____。
3. Modem 的中文意思是_____。
4. WAN 的中文意思是_____。
5. LAN 的中文意思是_____。
6. DHCP 的中文意思是_____。

知识准备

一、计算机网络

计算机网络是指两台及以上分布在不同地址位置的功能独立的计算机，通过传输介质与网络设备互连，基于网络协议与网络软件实现资源共享、数据通信等功能的系统。随着计算机及通信技术的发展，网络中的计算机已不再以纯粹的计算机形式出现，有可能是计算机，也有可能是手机、平板等带有网络通信功能的智能化设备。

从对计算机网络的描述可以发现，要具备一定的计算机网络知识，应首先了解传输介质、网络设备及网络软件等相关知识。

二、网线

网线通常是指"双绞线"型网线，是当前计算机网络中最基本、最常见的一种数据传输介质。为了尽可能地减少传输误码率，用两根绞合在一起的芯线完成一个方向的数据传输，这一对相互绞合的芯线就是一股"双绞线"。由于网线承担了网络设备与终端之间的数据收发双向通信任务，同时为满足传送其他信号及备用线路的需求，所以常见的一根网线由内部多股双绞线组成。

目前最常见的网线规格由 8 根芯线即 4 股双绞线按照国际标准的线径与规范制作而成。为了满足越来越高的传输速率要求，网线规格也不断提高，如增加线间屏蔽层防止各股双绞线间干扰等措施，从"五类双绞线"到"六类双绞线"再到"七类双绞线"，随之而来的是网线的误码率越来越低，传输带宽越来越大，从而达到更快的数据传输速率。

无论采用哪个规格的网线，其接头都是同样的 RJ-45 接头，即俗称的"水晶头"，如图 2-8-1

所示为两种规格的网线及 RJ-45 接头。

　　双绞线型的网线之所以常用，是因为它不仅具备较好的传输带宽与成本优势、容易弯折便于布线等优点，还具有使用网络夹线钳即可轻松完成接头制作的优点，使用户可以根据实际需要的长度随意制作，这是其他（如光纤等）线缆不具备的优势。因此，室内网络的布线目前基本上都是采用双绞线来完成。

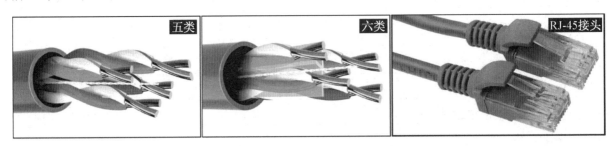

图 2-8-1　两种规格的网线及 RJ-45 接头

　　除了使用双绞线做网线，现在用于数据传输的线缆还有"光纤"，光纤具备远大于双绞线的传输带宽以及信号衰减小、不受外界干扰等诸多优势，非常适合作为长距离干道通信，但由于光纤接头需要使用熔接工艺，不便于随意切割，所以一般由厂家预制成固定长度，并不适合在室内作为传输介质，且由于光纤不导电，不能用于需要借助网线提供电力的场合。

　　此外，基于无线电波的通信技术也很成熟，如 WiFi、蓝牙等，但由于抗干扰能力较有线介质差，所以在设备位置相对固定的室内场合，应优先考虑使用双绞线型的网线。

三、交换机

　　交换机是用于各网络终端互连的设备，如图 2-8-2 所示。为了确保多个接口中任意两个正在通信的接口不影响其他接口，交换机需要具有识别数据帧的能力，可以识别出数据帧中包含的目的地址和源地址等信息。当交换机收到某台计算机发送的数据帧时，根据数据帧中的目的地址，查找该目的地址对应哪个网络接口，然后将该帧从相应的接口转发出去，如果没有找到该目的地址对应的网络接口，就将该帧向其他所有接口转发（即广播），当目的主机收到并回复后，交换机就记录了该目的地址对应了哪个网络接口，下次再收到发往该目的地址的数据帧时，交换机就可以直接转发至相应接口。正因为交换机能根据数据帧的内容来确定数据仅在哪两个接口间传输，就确保了任意两接口间数据传输不影响其他接口通信，即交换机所接的终端数量增多也不会过于影响网络性能。因此，交换机已成为当前网络终端互联时最常使用的网络设备。

　　按照交换机的可管理性可分为可网管型交换机和非网管型交换机。非网管型交换机无须配置，上电即可用，但不能根据工作场景需求改变其工作特性，而可网管型交换机可以对所接网络进行管理和配置、实施监控，能够划分 VLAN。因此，使用可网管型交换机构建的网络一般具有智能性和安全性。对网络规模不太复杂的网络而言，使用非网管型交换机即可，下文所涉及的交换机均指非网管型交换机。

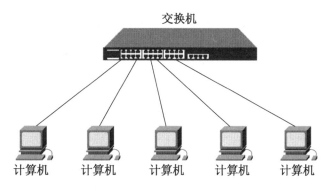

图 2-8-2 交换机与计算机的连接

常见的交换机可分为 5 口、8 口、24 口及 48 口等。其与终端相接的接口为 RJ-45 接口，也是目前最常见的网络设备接口，用来插入俗称"水晶头"的 RJ-45 插头。

目前，市面上常见的交换机品牌如图 2-8-3 所示，这些品牌的交换机在市场上都占有一定的份额，其中思科、华为等品牌作为网络通信设备行业的领导者，占据了可网管型交换机的主要市场份额，而 D-Link、TP-Link 则是非网管型交换机或家用交换机的常见品牌。

图 2-8-3 常见的交换机品牌

四、路由器

路由器（Router）是连接 Internet 中多个网络或网段的网络设备，它能将不同网络或网段之间的数据信息进行转发，实现不同网络或网段间的互联互通。此外，它会根据通信链路的情况自动地选择和设定从源地址到目的地址的最佳路径。因此，路由器也被称为"互联网的枢纽"。

路由器实际上是一台特殊用途的计算机，和常见的 PC 一样，路由器有 CPU、内存和 Boot Rom，以及类似于计算机硬盘的 Flash 存储器及相关的网络接口。

从功能应用上划分，可将路由器分为家庭级路由器、企业级路由器和骨干级路由器。

家庭级路由器：为了解决少量终端互连、无线连接及访问互联网的需求，它集成了无线接入点（无线 AP）、路由器、2～4 口的交换机、DHCP 服务器等诸多功能，俗称"无线路由器"，如图 2-8-4 所示，可支持局域网用户的网络连接共享，实现小范围内无线网络的 Internet 连接共享及宽带的共享接入。

特别要说明的是，在如图 2-8-4 所示的无线路由器中共有 3 个 LAN 接口，这 3 个 LAN 接口实际上是一个 3 口的交换机，如果网络中的有线终端不超过 3 个，各有线终端可以直接使用这 3 个 LAN 接口互连，而不需要再添加交换机。

企业级路由器：相对于家用级路由器来说，企业级路由器主要是提供较高的数据吞吐量以便接入尽可能多的终端数量，同时还要求能够支持不同的服务（如 QoS 功能），此外还可以通过无线控制器（AC）与多个无线接入点（AP）部署一个较大覆盖范围的 WiFi，如图 2-8-5 所示。

骨干级路由器：骨干级路由器是实现企业级网络互联的关键设备，它的数据吞吐量较大，因而非常重要。对骨干级路由器的基本性能要求是高速度和高可靠性。为了获得高可靠性，网络系统普遍采用诸如热备份、双电源、双数据通路等传统冗余技术。骨干级路由器常将一些访问频率较高的目的端口放到缓存（Cache）中，从而达到提高路由查找效率的目的。

图 2-8-4　家用级路由器

图 2-8-5　企业级路由器

目前，主流的网络设备生产商不仅生产交换机，也生产路由器，常见的路由器品牌也是以思科、华为、TP-LINK 等为主。

由于无线路由器使用简单，功能全面，能胜任简单的网络应用，因此下文中所涉及的路由器均指无线路由器。

五、光调制解调器

光调制解调器俗称"光猫"，光纤通信因其频带宽、容量大等优点，不仅可以胜任远距离高速率的通信需要，还能在传输数据的同时传送电话、ITV 等信号，是当前宽带运营商提供的主要接入形式。但由于室内布线仍以"双绞线"网线为主，因此在局域网中的设备与互联网通信时，就需要将光信号与电信号互换，这个互换工作就是由光调制解调器来完成的。所以宽带接入如果是以光纤入户形式，那么首先应接驳光调制解调器，再由其网络接口连接其他网络设备。光调制解调器作为 ISP（互联网服务提供商）接至用户的终端设备，又称为 PON 终端，其接口示意如图 2-8-6 所示。

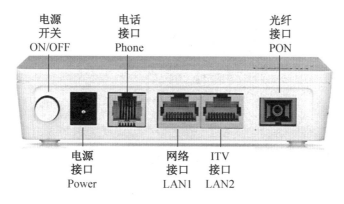

图 2-8-6　PON 终端背板接口示意

内容与步骤

某小微企业需要选购合适的网络设备组建该企业网络。网络中有多台计算机需互连，且网络内还要接入多台手机、平板等无线终端，各设备通过路由器共享一台网络打印机、共享访问互联网，宽带运营商提供了账号与密码，并以光纤入户的形式将该简单网络接入互联网。请为该企业规划所需的网络设备及相应的技术规格。

一、用网线将多台计算机通过交换机互连

选购合适的交换机组建局域网。对于网络中需接入多台计算机等终端设备的场合，建议尽可能地使用网线与交换机互联，相对无线接入技术而言，每台终端都可以独享交换机接口的带宽，且数据传输更稳定可靠。

对于简单网络而言，选择非网管型交换机即可。选择交换机时主要考虑"接口数量""接口速率"等。

1．接口数量

如图 2-8-7 所示，常见的交换机接口数量有 5 口、8 口、16 口、24 口等，一般家庭、宿舍、几个人的小型办公室建议选择 5～8 口的桌面式交换机即可。这种交换机体积小巧，可以放置在桌面或挂接到墙壁、柜体侧面等位置，不占用过多空间，满足几台终端的有线接入。对于终端数量较多的场合，可以选择一台或多台 16 口、24 口交换机，且由于汇聚了数十条网线，为便于管理与维护，建议使用机架式交换机，这样就可以把交换机固定在机柜里，并使网线有序地接入交换机，如图 2-8-8 所示。

5 口桌面式百兆交换机

24 口机架式千兆交换机

图 2-8-7　不同规格的交换机

图 2-8-8　通过机柜放置多台交换机

2．接口速率

目前，主流交换机的接口速率有百兆与千兆两种规格。其单位是 bps（bit per second），即比特率，是指每秒传送的比特数。千兆接口是可以向下兼容的，也就是说千兆接口允许使用百兆的速率与终端设备通信。就目前的应用来说，两种速率规格基本上都可以满足。如果网络间经常需要传输大量数据，建议采购千兆规格的交换机。值得注意的是，使用千兆规格的交换机时，与交换机连接的终端接口与网线均应满足千兆规格，否则并不能达到千兆速率。

另外，千兆交换机的价格会高于百兆交换机数倍，对于 5～8 口的小型交换机而言，即使数倍价格差异，总价也相对有限，但对于 24 口这样的交换机而言，二者的价格差异是比较大的，应根据用户需求来确定采购哪种速率的交换机。

3．其他规格

采购交换机时，还有一个要关注的重要指标是其接口是否支持 POE（Power Over Ethernet）功能。对于需接入很多 AP（无线网络接入点）、监控摄像头的应用场合，这些设备的工作位置可能在某个外墙上，难以存在供电条件，这就需要通过网线给其提供工作电源。对于这种应用来说，采购的交换机一定要具备 POE 功能，即网络接口可提供电源。

提示：有关交换机的连接，详见本书"任务 4.5　简单网络的搭建"。

二、选购合适的路由器接入无线设备，并将局域网接入外网

1．用无线路由器接入简单网络中的无线设备

对于有线终端来说，已经通过交换机进行互连。但无线终端，如手机、平板、笔记本电脑、网络摄像头、网络打印机等大量设备也需要联网，甚至有些设备只能使用无线网络进行联网，这就对网络的无线接入能力提出了要求。如果网络覆盖的地域范围不大，可以直接使用无线路由器来接入所有的无线设备。所以选择无线路由器时，其无线接入功能的技术规格是一项重要指标。

无线路由器的 WiFi 技术标准：WiFi 是一个基于 IEEE 802.11 标准的无线局域网技术，随着 IEEE 802.11 标准的不断更新，目前将基于 IEEE 802.11 ax 最新标准的 WiFi 称为第 6 代 WiFi，俗称 WiFi6，原来的基于 IEEE 802.11 a/b/g/n/ac 标准的 WiFi 依次称为 WiFi1/2/3/4/5。在选择

无线路由器时应尽可能选择新的 WiFi 技术标准，因为 WiFi 的技术进步主要是解决接入设备越来越多所暴露的问题。同时新的 WiFi 版本一般较早期的 WiFi 版本具有更高的通信速率。

如果不能购买到 WiFi6 规格的无线路由器，也应尽可能地选择 WiFi5（也有路由器标注"11ac"字样）规格的无线路由器，因为自该版本起，WiFi 支持以 2.4 GHz 与 5.8 GHz（简称 5 GHz）两个频段进行数据通信。多出的 5.8 GHz 的通信频段不仅可以提高数据传输速率，也可以有效地避开蓝牙、无绳电话等普遍使用的 2.4 GHz 对 WiFi 的干扰。

WiFi 在接入终端时，会提供一个 SSID 名称（即俗称的"热点"）供无线终端辨别不同的 WiFi 网络，无线终端在申请接入某 WiFi 时，需通过该 WiFi 网络的身份验证。

随着 WiFi 技术的成熟，手机、平板、笔记本电脑等移动终端设备普遍使用 WiFi 技术来接入无线局域网，使得 WiFi 技术已经成为当前无线局域网的主流技术，并在许多应用场景中替代了部分有线连接。

提示：如果局域网络的地域覆盖范围较大，单台路由器无法接入所有的无线设备，可参照本任务"知识补充"中的"AC 与 AP"内容进行处理。

2. 用路由器连接内网与外网

在该小微企业的简单网络里，路由器还有一个重要职责就是把内部局域网与外部互联网相连，使得内部网络中的设备可以访问互联网。所以选择的路由器应满足企业中多台终端同时联网的工作需求。共享访问互联网的设备越多，对路由器的性能要求就越高。与计算机相似的是，路由器的内存越大、处理器性能越高，其可接入的网络规模就越大，就可以满足更多的设备访问互联网。

对于家用级路由器来说，几乎没有任何一个品牌会介绍其处理器性能与内存大小，这是因为通过路由器访问互联网的家用设备数量有限，即使是性能低端的家用级路由器也可以满足 10 余台终端访问互联网。所以购买家用级路由器时，应尽可能购买新款的，这是因为一方面新款的无线路由器一般支持更高规格的 WiFi 标准，另一方面新款的路由器所采用的处理器与内存芯片会比较新，随着技术的发展，更新的处理器与内存芯片往往会提供更高的性能与更大的容量。

对于企业级路由器来说，不同企业规模对路由器的性能要求是不同的，所以存在不同性能档次的企业级路由器，因此采购企业级路由器时应重点关注路由器的性能指标。

从如图 2-8-9 所示的各品牌企业级路由器的宣传图可见，目前的主流企业级路由器都是千兆网络接口，同时企业级路由器一般都会强调内存大小、处理器规格、带机量等信息，可见选择企业级路由器时，重点关注的是其性能。对于企业级路由器来说，还提供了很多企业需要的网络功能，如"VPN、防火墙、AC 管理"等，不过这些功能基本上所有企业级路由器都是支持的。

由于选择企业级路由器的用户其设备数量应该会达到上百台或更多，所以其局域网络的地域覆盖是一个无线接入点难以满足的，因此企业级路由器不再带有无线接入点功能，取而代之的是提供 AC 管理功能，用户可以为这个企业级路由器接入多个 AP（无线接入点），并通过企业级路由器中的 AC 管理功能使众多的 AP 协同工作，以满足较大区域的无线网络覆盖。

图 2-8-9　各品牌企业级路由器的宣传图

> **提示：** 有关 AC 与 AP 的介绍，详见本任务"知识补充"中的"AC 与 AP"内容。

3．设置好路由器的 WiFi 热点名称与密码，接入无线终端

指定 WiFi 的 SSID（热点）名称，并指定密码，在各无线终端上找到该热点，并输入密码，使无线终端设备接入网络。当接入成功后，无线终端会得到路由器分配的 IP 地址等参数。

4．用网线将光调制解调器的网络接口（LAN）与路由器外网口（WAN）相连

对于光纤入户的应用场合，路由器外网口（WAN）无法直接接入光纤，还需要有光信号与电信号的转换设备，即"光调制解调器"，此时需要将路由器外网口（WAN）与光调制解调器的网络接口（LAN）相连。

5．配置路由器的外网口接入参数

找一台网络中的计算机或手机，通过浏览器打开指定的专用管理页面地址（该地址一般预置在路由器的底面，同时还有进入该地址的初始用户名与密码），进入路由器的配置页面后找到 WAN 配置，对于光纤入户的用户来说，一般情况下使用 PPPOE 拨号设置，填写好 ISP（互联网服务提供商）提供的用户名与密码即可。

> **提示：** 有关路由器的外网口配置，详见本任务"知识补充"中的"路由器的外网访问方式配置"部分。

三、用光调制解调器接驳 Internet

光调制解调器一般无须设置，但有些运营商提供的光调制解调器会整合无线路由功能，此时如果直接使用该功能，则所有相关的路由器配置均在此设定，网络中无须再加入无线路由器。但这种光调制解调器整合的无线路由功能，其功能简单且无线通信能力较弱，必要时也可以禁用其无线路由功能，另接入一台无线路由器。

光调制解调器一般由 ISP 免费提供，无须单独采购。

提示：上述网络组建方案是常见的简单网络互联方式，若宽带接入方式不是光纤入户，而是通过上一级网络的一根网线接入互联网，则无须使用光调制解调器，路由器的外网接入设置也应根据上一级网络的设定改为"自动获取 IP 地址"或"静态 IP"，具体使用何种接入方式可参见本书"任务 4.5　简单网络的搭建"。

一、无线路由器的基本配置

对于简单网络来说，无线路由器可能是网络中最重要的网络设备。它不仅要负责接入无线网络终端，为各网络终端自动配置 IP 地址等参数，还要承担局域网络中所有设备共享访问外网的任务。虽然无线路由器已经极其简化了其使用复杂度，但在实际使用时，还是必须对其进行基本的配置。这些基本配置主要是设置外网访问方式、WiFi 接入设备时的身份验证等工作。

1. 路由器的外网访问方式配置

路由器的外网访问方式有三种，分别是"静态 IP 地址""自动获取 IP 地址"与"PPPOE 拨号"。具体使用哪种方式访问外网，需根据实际场景选择。

（1）静态 IP 地址：根据外网的网络配置，要求把路由器接入外网的网络接口配置为固定的 IP 地址方可接入外网。

（2）自动获取 IP 地址：外网存在自动分配 IP 地址参数的服务，此时路由器接入外网的网络接口需设置为自动获取 IP 地址。

（3）PPPOE 拨号：外网接入需通过 PPPOE 协议进行拨号，并在拨号连接的过程中提供用户名、密码等身份信息进行接入身份验证。

2. WiFi 接入身份验证设置

如图 2-8-10 所示，在路由器中找到无线设置项，指定无线名称（即热点名称）与该无线名称所对应的密码。图示中的路由器是支持 2.4G 与 5G 双频 WiFi 的，所以在双频同时工作的情况下，需要指定两个无线名称（即热点名称）与该无线名称所对应的密码。

图 2-8-10　WiFi 接入身份验证设置

如果不希望无线热点被终端发现，可以使用"隐藏无线"功能。此时终端上不会找到该热点，只有在终端上手动输入要接入的无线名称与密码才能接入该 WiFi 网络。

二、AC 与 AP

由于 WiFi 所采用的无线通信频率是全球通用的免费频率，为避免众多使用免费频率的设备间相互干扰，就限定了每个设备的无线发射功率，这就导致采用 WiFi 技术的无线设备只能在有限的距离内进行数据传输。如果企业需要的 WiFi 网络覆盖范围较大时，仅靠一台无线路由器显然无法实现，因此需要无线控制器（AC）与无线接入点（AP）配合以扩大 WiFi 网络的覆盖范围，如图 2-8-11 所示。

无线控制器（AC）　　　　　　　　　无线接入点（AP）

图 2-8-11　无线控制器（AC）与无线接入点（AP）

在使用 AC 与 AP 时，只需在需要无线网络覆盖的区域各安装一只 AP，并将各 AP 通过交换机互连后，送往 AC 即可。AC 会自动发现所有 AP，并对 AP 进行统一配置和管理，实现 AP 零配置接入，即插即用。需要注意的是，如果 AP 所安装的位置无法提供工作电源，则应使用网络接口带有供电能力的交换机，即 POE 交换机。

通过无线控制器 AC 的统一管理，可使多达数百个无线接入点（AP）协同工作，极大地拓展了 WiFi 的覆盖范围，是当前不少企业园区广泛使用的 WiFi 无线覆盖方案，带有 AC 与 AP 的网络互连示意如图 2-8-12 所示。

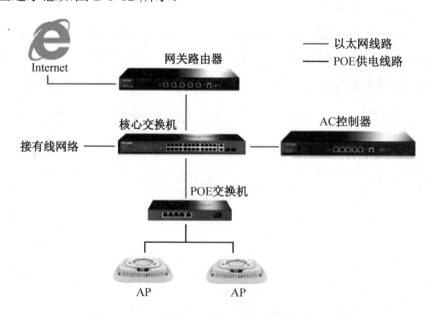

图 2-8-12　带有 AC 与 AP 的网络互连示意

常见故障与注意事项

（1）某光纤入户的简单网络在更换 PON 终端并重新整理连线后无法访问外网，但网络内各设备间可互连互通。

从上述故障现象来看，故障点应该位于新换的 PON 终端设备以及该设备与路由器间的连接，此时应确保 PON 终端设备工作正常，光纤接口连接正确，内网连接正确。经检查，接往路由器的网线插在了该 PON 终端的 ITV 接口上，更换为 LAN 接口后，故障排除。

✅ 提示：PON 终端上的 ITV 接口也是 RJ-45 标准，但往往运营商对该接口的传输数据仅限于 ITV 内容，所以应确保内部网络不要接在该接口上。

（2）某台计算机无法与网络中的其他计算机通信。

单台计算机网络功能异常，一般故障点位于该计算机内部以及该机与交换机的互连部分。如果没有检测工具，那么可以找一台功能正常的计算机接入该网线（替换法）来辨别是计算机网络功能故障还是连接故障。经替换检查，其他计算机接此网线后也无网络功能，判断故障应为连线故障，更换网线后故障消失。

 达标检测

1. 请将下列设备名称与其对应的功能说明连接起来。

设备名称	功能说明
无线路由器	提供宽带共享、无线接入等功能
交换机	提供多台设备之间高速互连
光调制解调器	光信号与电信号转换的设备

2. 请说明为什么某简单网络中的 3 台计算机和 5 台手机无须交换机直接使用无线路由器就可以共享上网。

_____

_____

_____

任务 2.9　定制装机方案与项目演讲

📋 **任务目标**

● 了解需求分析及信息收集的一般方法

- 建立"按需配置"的意识
- 了解配件选择中的相互制约关系

 **任务环境**

可上网的演示用计算机。

课前预习

一、项目背景

学习数字媒体应用专业的同学想要配置一台 1 万元内的用于视频编辑处理的计算机，基本要求如下：不玩游戏，看电影，听歌，显示清晰，办公使用，剪辑音频视频，使用 Premiere、Photoshop、After Effects、Office 等软件，后续可以升级……

二、名词解释

1. 什么是视频编辑处理？

2. 上文中提到的 Premiere、Photoshop、After Effects 分别是什么软件？主要用来做什么？

 **知识准备**

一台计算机由多种配件搭配而成，计算机的性能也取决于各种配件的整体表现，因此，在配置计算机时，要综合考虑用户需求对各种配件的影响，遵循"木桶效应"，这样才能取得计算机整机性能的平衡与稳定。

一、确定用户需求中的具体要求（见表 2-9-1）

表 2-9-1　用户的具体要求

序　号	需求描述	需要注意的选配要点
1	不玩游戏	显卡选择时可以不过分考虑三维性能
2	看电影、听歌、办公使用	均属于较轻负载应用
3	显示清晰	需要关注屏幕尺寸、色域值、分辨率等因素

续表

序 号	需 求 描 述	需要注意的选配要点
4	剪辑音频视频，使用 Premiere、Photoshop、After Effects、Office 等软件	前三者均为 Adobe 公司的软件产品，目前最新版本为 22.3 版（2022年 4 月发布）
5	后续可以升级	机箱、电源、主板等选购时需注意后续扩展性
6	1 万元内	需考虑使用年限及配件价格上限

二、寻找技术方案要求

通过查阅 Adobe 官方网站要求，在本需求中重点考虑的 Premiere 及 After Effects 软件使用硬件需求如图 2-9-1、图 2-9-2 所示。

Premiere Pro 的系统要求

Windows

	最低规格 对于 HD 视频工作流程	推荐规格 用于 HD、4K 或更高
处理器	Intel® 第 6 代或更新版本的 CPU，或 AMD Ryzen™ 1000 系列或更新版本的 CPU	具有快速同步功能的 Intel® 第七代或更新版本的 CPU，或 AMD Ryzen™ 3000 系列/Threadripper 2000 系列或更新版本的 CPU
操作系统	Microsoft Windows 10 （64 位）版本 1909 或更高版本 注意： Premiere Pro 版本 22.0 及更高版本与 Windows 11 操作系统兼容。对于带有 NVIDIA Gpu 的系统，Windows 11 需要使用 NVIDIA 驱动程序版本 472.12 或更高版本。	Microsoft Windows 10 （64 位）版本 1909 或更高版本
内存	8 GB RAM	双通道内存： • 16 GB RAM，用于 HD 媒体 • 32 GB 或以上，适用于 4K 及更高分辨率
GPU	2 GB GPU 内存 有关支持的显卡列表，请参阅 Adobe Premiere Pro 支持的显卡。	• 4 GB GPU 内存，适用于 HD 和某些 4K 媒体 • 6 GB 或以上，适用于 4K 和更高分辨率 有关支持的显卡列表，请参阅 Adobe Premiere Pro 支持的显卡。
存储	• 8 GB 可用硬盘空间用于安装；安装期间所需的额外可用空间（不能安装在可移动闪存存储器上） • 用于媒体的额外高速驱动器	• 用于应用程序安装和缓存的快速内部 SSD • 用于媒体的额外高速驱动器
显示器	1920 x 1080	• 1920x1080 或更高 • DisplayHDR 400，适用于 HDR 工作流程
声卡	与 ASIO 兼容或 Microsoft Windows Driver Model	与 ASIO 兼容或 Microsoft Windows Driver Model
网络存储连接	1 GB 以太网（仅 HD）	10 GB 以太网，用于 4K 共享网络工作流程

图 2-9-1　Premiere pro22.3 硬件要求

After Effects的系统要求

Windows

	最低规格	推荐规范
处理器	Intel 或 AMD 四核处理器	（建议配备 8 核或以上处理器，以用于多帧渲染）
操作系统	Microsoft Windows 10（64 位）版本 1909 及更高版本。	Microsoft Windows 10（64位）版本 1909 及更高版本
RAM	16 GB RAM	建议使用 32 GB
GPU	2 GB GPU VRAM Adobe 强烈建议，在使用 After Effects 时，将 NVIDIA 驱动程序更新到 472.12 或更高版本。更早版本的驱动程序存在一个已知问题，可能会导致崩溃。 注：如果您使用的是装有 NVIDIA GPU 的 Windows 11 计算机，则必须升级到版本 472.12 才能正常使用。	建议使用 4GB 或更多 GPU VRAM
硬盘空间	15 GB 可用硬盘空间；安装过程中需要额外可用空间（无法安装在可移动闪存设备上）	用于磁盘缓存的额外磁盘空间（建议 64GB 以上）
显示器分辨率	1920 x 1 080	1920x1080 或更高的显示器分辨率
Internet	您必须具备 Internet 连接并完成注册，才能激活软件、验证订阅和访问在线服务。*	

图 2-9-2　After Effects22.3 硬件要求

从以上可以看出，软件官方对该版本软件的最低使用条件及流畅使用条件做出了较明确的规范与要求，在总体预算许可的情况下要尽可能满足以上要求。

三、归纳总结总体需求

通过阅读软件官方要求及升级配置规范可以得出结论，一般来说，一台优秀的视频创作多媒体主机需具备 4 个关键硬件：**内存、硬盘、显卡和处理器**。内存要考虑容量较大；硬盘要综合考虑容量、传输速率及缓存，最好选择 SSD 硬盘；显卡要考虑显存容量大小，条件允许的情况下可考虑多核心或双显卡方案；处理器要考虑主频 3.2 GHz、8 核心以上的 I7 或 I9 或同级产品。

四、考虑其他特殊要求

视频编辑工作对于用户来说耗时较长，从用户角度出发，在选择显示器时应注意至少选择 24 英寸或以上产品，同时出于 4K 素材编辑需要，显示器的分辨率要达到 4K 标准以上，还要考虑产品的色域值（推荐 sRGB 99%）。

五、总结

（1）认真了解清楚客户组装机器的实际用途与预期投入。

（2）针对客户的实际需求做好分析，从而确定关键部件及价格层次。

（3）根据确定的价格层次展开询价，针对各部件的关键指标加以综合判断，开出配置单并准备备用配置单。

（4）抓住主要性能指标，并注意方式、方法给客户进行展示与沟通。

 **内容与步骤**

1．按下述客户需求将班级同学分组，由教师任意分组并指定组长。

（1）4000 元配置组装一台用于网吧营业用的计算机。

（2）3000 元配置组装一台用于办公使用的计算机。

（3）5000 元配置组装一台用于家庭娱乐使用的计算机。

（4）5000 元配置组装一台用于图形图像设计的计算机。

（5）综合性能、价格、质量推荐一款用于家庭使用的品牌机。

（6）综合性能、价格、质量推荐一款用于办公使用的笔记本电脑。

2．各组组长领到题目后，应组织组员讨论计算机需求及成员分工，并记录如下。

3．各组应制定时间规划，并记录如下。

4．组员按分工进行调查与材料收集，并将材料整理后上交电子版。

5．组长应组织组员将材料进行组合删减后形成小组文档，上交材料应为电子版。小组文档中应包含以下部分。

（1）小组简介（包含本组题目与人员组成及分工情况）。

（2）需求分析及设备初步定位。

（3）项目完成方法（网络搜索或实地询价）。

（4）详细配置单两套（两套配置均应详细标明设备名称及具体型号、分项及总价、价格来源、时间，两套配置可平行配置或适当形成差价，以供用户选择）。

6．组长应组织组员制作 PPT 文档或 Flash 影片，于演讲之前上交电子版，同时组织成员进行试讲，并将试讲时间及存在的问题总结记录。

7．按小组抽签顺序进行项目演讲，演讲结束后教师进行综合讲评。

 **知识补充**

1．学生分组要求

学生分组及负责人指定应尽量体现"随机"，一经宣布禁止随意调换，以模拟今后工作岗位中人员流动性高、来源复杂的特点。

2．课外活动要求

教师应强调最终评分以小组成绩为主，每一个人的表现均直接决定小组的最终得分，同时在课外活动中应要求事先制定分工安排及时间安排，督促和协助学生努力对照计划完成相应工作。

3．个人材料要求

小组分工搜集信息过程完成后，小组每位成员均应上交一份 Word 文档，材料要求：A4 幅面，宋体 4 号字，字数不低于 500 字，内容应包括个人情况简介、个人分工及时间安排情况、信息来源及时间、配件选择原因及性能指标介绍、个人在项目过程中的体会等。

4．项目演讲注意事项

（1）演讲时应注意仪容仪表，男女生着装均应符合职业要求（原则上男生穿西装、打领带，女生衣着应大方得体，可稍化淡妆，男生不留长发，女生不得染发等）。

（2）每组限时 15 分钟，演讲前应注意进行试讲以控制时间。

（3）演讲时应面向观众，面带微笑，尽量脱稿，使用普通话，语言应注意口语化，不要完全照材料宣读。

（4）演讲应尽可能调动观众积极性，在演讲过程中应注意观众反应，并根据观众反应及时进行内容或方法调整。

（5）PPT 文档制作应注意字体、配色、内容等，一方面应保证配色及字体大小适合演讲现场情况，另一方面应注意 PPT 文档内容应切合主题及现场气氛。

（6）在演讲过程中如果出现机器故障或其他突发性问题，应事先设想并加以准备，出现问题时及时进行调整。

5．项目流程附属资料，见表 2-9-2、表 2-9-3、表 2-9-4。

表 2-9-2　项目任务书

项 目 名 称	按需配置计算机系统
承担主题内容	
项目负责人	
项 目 成 员	
成 员 分 工	
时间进度安排	

具体任务	1. 组长组织小组成员讨论分工 2. 组长组织成员讨论项目任务进度安排 3. 各人完成个人材料撰写 4. 组长组织成员讨论并执笔撰写小组材料 5. 组长组织小组成员制作 PPT 文档 6. 小组成员进行演讲试讲 7. 小组成员进行项目演讲
有关要求	1. 以 4～5 人为一个小组，完成事先设定的选题模拟配机任务 2. 每组设组长 1 名，全面负责组织协调项目进度及项目实施过程中出现的各种问题 3. 小组应讨论任务分工及时间进度安排 4. 在规定的时间内，小组成员完成信息搜集任务，并撰写个人材料 5. 在规定的时间内，组长组织小组成员针对个人材料进行讨论，并在讨论的基础上撰写小组汇报材料 6. 在规定的时间内，组长应组织小组成员按照汇报材料准备演讲用 PPT 文档并进行试讲 7. 在课堂教学中，组织项目小组进行项目公开展示与演讲，教师给予现场讲评

表 2-9-3　项目过程评价方案

评价内容	完成效果			
	优　秀	良　好	合　格	不　合　格
小组成员分工				
小组进度计划				
信息查找方法与准确程度				
个人材料				
小组材料				
小组试讲情况				
小组演讲材料				
协调与沟通				
小组总得分				
个人得分				
一	二	三	四	五
建议及指导意见				

表 2-9-4　项目演讲评价方案

组员					
任务说明					
仪　态（50分）		内　容（40分）		配　合（10分）	
1．仪表（职业着装，注意仪表，女性可化淡妆，注意行为举止）	10分	1．需求分析应准确，价格与配置定位应清晰	20分	1．小组成员切换时应注重承接	3分
2．语言（使用普通话，语言简洁明了，吐字清晰）	30分	2．讲清重点配件相关参数	10分	2．在讲解过程中及回答提问阶段应注意相互补充、相互配合	5分
3．其他（注意调动现场气氛，不遮挡屏幕内容）	10分	3．简单解释相关技术	10分	3．注意突出整体效果，不过分强调个人	2分
小计		小计		小计	
小组特色及加分					
小组得分					
各人得分					
建议和意见					

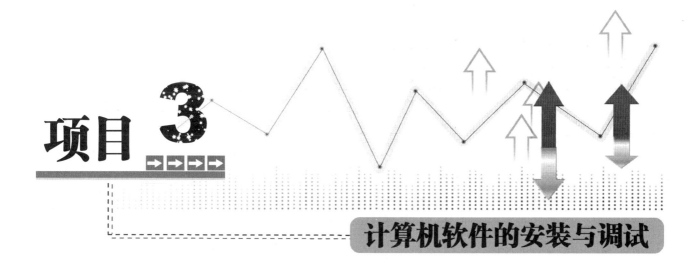

项目 3

计算机软件的安装与调试

任务目标

- 认识计算机的 BIOS，能完成基本的 BIOS 功能设置
- 知道 BIOS 的升级方法
- 尝试解决常见的因 BIOS 设置不当导致的计算机故障

任务环境

螺丝刀、可上网的演示用计算机。

课前预习

一、BIOS 藏在哪里

计算机的 BIOS 在下列哪个器件中？（　　　）

A．主板　　　　　B．CPU　　　　　C．电源　　　　　D．硬盘

二、我爱记单词

1．BIOS 的中文意思是_____。

2．查找并填写下列单词的中文含义

英　文	中　文	英　文	中　文
Boot		System	
Memory		Primary	
Controller		Audio	
Auto		Advanced	
Check		Device	
Disabled		Enabled	
Standard		Default	
Password		Setup	

三、专业常识

目前 BIOS 的两大体系是_____和_____。

 知识准备

一、何为 BIOS

经过数十年的发展，计算机的各种硬件设备已十分丰富。将不同规格的 CPU、内存、硬盘、主板以及各种输入输出设备组合起来，就可组成用于各种场合的性能、功能都有显著差异的计算机。面对如此千差万别的硬件配置，像 Windows 这样的主流操作系统仍然可以顺利运行，这其中的首要功劳，就非 BIOS 莫属了。

从如图 3-1-1 所示的 BIOS 作用示意图可见，BIOS 是工作于硬件设备与操作系统之间的一层特殊的软件集合，这个软件集合的名字叫作 Basic Input Output System，简称 BIOS，中文意思是基本输入输出系统。BIOS 一方面含有针对不同规格型号的硬件而编写的特定代码，以驱动这些特定的硬件；另一方面还要向操作系统提供统一的调用接口，以便操作系统克服硬件上的差异，驾驭不同规格的硬件正常工作。简单地说，操作系统通过调用 BIOS 提供的接口来实现对具体硬件的控制。

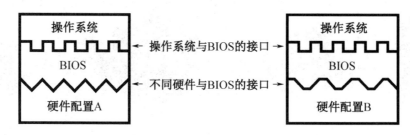

图 3-1-1　BIOS 作用示意图

二、BIOS 的存放

正因为 BIOS 是操作系统驾驭硬件的基石，所以 BIOS 必须保证不会轻易被损坏。现在的

每台计算机主板上都会在一颗只读存储芯片中置入针对该主板运行的 BIOS。由于只读存储芯片即使掉电也不会丢失其中的数据，正常状态下也不允许写入任何数据，从而避免了计算机因 BIOS 损坏而瘫痪。这颗存有 BIOS 的只读存储芯片，就是常说的 BIOS ROM 芯片。这种 ROM 芯片有并行与串行两种数据接口，目前采用较多的是串行的 8 引脚 BIOS ROM 芯片，如图 3-1-2 展示了两种不同封装形式的 8 引脚 BIOS ROM 芯片。

图 3-1-2　不同封装形式的 8 引脚 BIOS ROM 芯片

一般来说，一颗 BIOS ROM 芯片中放置了如下几个软件：

① 基本输入输出系统。

② 开机上电自检程序。

③ BIOS 参数设置程序。

三、BIOS 设置与 CMOS 设置

为了让计算机更好地根据既定的配置及预定的方式运行，BIOS 一方面会对侦测到的具体硬件预设部分工作参数，另一方面会允许用户自行设置一些工作参数。但这些参数是需要修改的，所以不会存储在 ROM 芯片中，而是存储在 RAM 芯片中。由于 RAM 芯片中的数据掉电后就会丢失，所以必须持续为其供电。考虑到主板上的电池体积，只能使用容量较小的纽扣电池对 RAM 芯片及内置的实时时钟进行供电，这就需要将 BIOS 工作参数保存在工作电流极小的 CMOS RAM 芯片中。所以 BIOS 设置程序又称为 CMOS 设置程序。

BIOS 与 CMOS 的关联见表 3-1-1。

表 3-1-1　BIOS 与 CMOS 的关联

	BIOS	CMOS
英文	Basic Input Output System	Complementary Metal Oxide Semiconductor
含义	基本输入输出系统	互补金属氧化物半导体
芯片实体	只读存储器 ROM（一般称 BIOS ROM） 其芯片有：ROM→EPROM→EEPROM	静态可读写存储器 SRAM（因为要求耗电量极小，所以采用 CMOS 芯片）
存放内容	上电自检程序（POST）、系统设置程序（BIOS 设置程序）、系统自举程序、中断服务程序	系统设置程序（BIOS 设置程序）中的当前系统配置参数，其靠主板电池供电
联系	通过 BIOS 设置程序（该程序存放在 BIOS ROM 芯片中）进行系统参数配置，其结果保存至 CMOS 芯片中	

四、BIOS 设置程序

目前绝大多数主流的 BIOS 设置程序是英文界面的，在使用这个程序前，还应记住其中的关键单词及其含义，见表 3-1-2。

表 3-1-2　BIOS 设置中的关键单词及其含义

英　文	含　义	英　文	含　义
Advanced	高级、进阶	LAN	局域网
Auto	自动	Management	管理
Audio	音频	Master	主要、主
Boot	启动	Optimized	优化
Chipset	芯片	Password	口令、密码
Controller	控制器	Peripheral	外围、周边
Default	默认	Primary	第一、首位
Device	设备	Save	保存
Disabled	不允许、禁用	Secondary	第二
Enabled	允许、使能	Slave	次要、从
Exit	退出	Standard	标准、基本
Feature	特征、特性	System	系统
Frequency	频率、频度	Voltage	电压

五、BIOS 的两大体系

计算机的 BIOS 分为 UEFI BIOS 与 Legacy BIOS。目前生产的主板普遍采用 UEFI BIOS，UEFI 的全称是"统一可扩展固件接口"（Unified Extensible Firmware Interface）。Legacy BIOS 与老设备的各操作系统兼容良好，但对新设备的支持受到诸多限制，主要由 Award 与 AMI 少数几个厂商掌控知识产权。相比 Legacy BIOS 而言，UEFI BIOS 内部采用了全新的架构，具有功能丰富、源代码开源便于第三方开发、支持详细描述全新类型接口标准、便于对新设备提供更好的支持等多重优势。针对未来的操作系统与层出不穷的新硬件，UEFI BIOS 可以提供更全面的支持，是目前 BIOS 的主流方案。但因许多老设备及 Windows 7 以前的操作系统与其不兼容，目前很多 BIOS 提供了 CSM 兼容性支持模块来实现两种模式间的切换。简单地说，如果安装了 Windows 8 及以后版本的操作系统，且所有设备均支持 UEFI 模式工作，建议使用 UEFI 模式，反之建议使用 Legacy 模式。

内容与步骤

利用 BIOS 设置程序配置计算机工作参数

1．进入 BIOS 设置程序

在开机自检时，可以按下指定的按键进入 BIOS 设置程序。一般进入 BIOS 设置程序的热键为 Delete 键或 F2 键。但不同的计算机可能会存在差异,实际的热键一般会显示在如图 3-1-3 所示的自检界面下方,图中显示的"Press F2 to enter SETUP"字样,其中的"F2"即为进入 BIOS 设置的热键。

图 3-1-3　开机自检界面

2. BIOS 设置程序的配置操作

不同厂家的 BIOS 配置界面是有差异的,如图 3-1-4 所示为各厂家基于 UEFI 标准自行开发的图形化设置程序。相对较老旧的计算机会有如图 3-1-5 所示的 Award BIOS 设置界面和如图 3-1-6 所示的 AMI BIOS 设置界面。无论哪种 BIOS 设置程序,都会将繁杂的 BIOS 配置项目进行分类,用户可以通过首页的主菜单实现各类参数配置。

图 3-1-4　各厂家开发的图形化 UEFI BIOS 配置界面

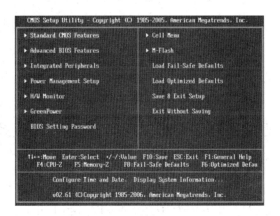

图 3-1-5　Award BIOS 设置界面　　　　图 3-1-6　AMI BIOS 设置界面

💡 **提示**：不同品牌型号的计算机主板，因整合功能、特色功能、产品定位不同，BIOS 设置中可供配置的参数项并不相同。但涉及计算机的基本运行参数都会提供，只是在描述时会有所差异。

（1）操作方法

除了部分主板的图形化 BIOS 会允许用户用鼠标进行操作，不少计算机只支持用键盘进行 BIOS 设置，所以，此处简单介绍使用键盘进行 BIOS 设置的方法（绝大多数计算机使用键盘进行 BIOS 设置的方法基本一致）。

使用键盘进行 BIOS 设置时，可以通过↑、↓、←、→键来选择需要调节的项目，通过 Enter 键（回车键）、Esc 键（退出键）进入某子菜单或退出某子菜单，通过 Page Up 键、Page Down 键（部分计算机也可用＋、－键）来调节某项目的参数。

（2）BIOS 设置的主要功能类别

下面以如图 3-1-5 所示的 Award BIOS 为例，将主界面的主要设置类别简介如下。

● STANDARD CMOS SETUP（标准 CMOS 设置）

设置项目主要有系统日期与时间、硬盘光驱检测、显示类型、出错状态选项等。

● BIOS FEATURES SETUP（BIOS 特性设置）

设置项目主要有 CPU Cache 的使用、引导顺序、软驱检索、键盘输入功能、系统安全性设定等。

● CHIPSET FEATURES SETUP（芯片组特性设置）

设置项目主要有内存参数的设定。其中，内存参数一般设定值越小，性能越好，但过小的参数值会导致不稳定甚至无法启动计算机。若无特殊需求，对其中的参数一般不做改动。

● POWER MANAGEMENT SETUP（电源管理设置）

设置项目主要有对主机电源节能模式的设定，可以使运行中的主机在无操作的情况下，在设定的时间内进入节能状态。

● PNP/PCI CONFIGURATION（即插即用配置）

设置项目主要有对即插即用设备进行 IRQ、DMA 和 I/O 地址方面的设置，一般保留系统默认的设定值，以免部件因设置不当而不能正常使用。

● LOAD BIOS DEFAULTS（调用默认设置）

设置该项目后，将以默认值装载、配置系统。

● LOAD OPTIMUM SETTINGS（调用优化设置）

设置该项目后，将以优化值装载、配置系统。调用此档参数时，计算机性能优于上一项采用默认值配置参数。

● INTEGRATED PERIPHERALS（整合功能设置）

设置项目主要有 IDE、SATA 接口的工作模式，USB 接口设备的使用，整合声卡、网卡、串并口参数。

- SUPERVISOR PASSWORD（管理员密码设置）

设置该项目后，系统即被指定了管理员密码。该密码是进入 BIOS 或启动计算机操作系统时需输入的密码。

- USER PASSWORD（用户密码设置）

设置该项目后，系统即被指定了用户密码。该密码仅用于用户启动计算机操作系统。

- IDE HDD AUTO DETECTION（IDE 硬盘自动检测）

自动检测系统已安装的 IDE 设备工作参数。

- SAVE & EXIT SETUP（保存并退出设置）

选择该项目后，将对 BIOS 设置的参数保存至 CMOS RAM 中，并退出 BIOS 设置程序。

- EXIT WITHOUT SAVING（不保存并退出设置）

选择该项目后，不保存操作者对 BIOS 的参数设置，并退出 BIOS 设置程序。

💡 **提示**：其中设置参数一般系统自动设置为 Auto 或 Enabled，同样在没有特别需求的情况下，对其中的参数一般不做改动。

此为 Award BIOS 设置简介，AMI BIOS 设置内容会有一定差异，仅供参照。

（3）一般配置过程

对于一台未配置 BIOS 的计算机来说（或是更换过主板电池、强制清除 BIOS 参数后），建议按如下步骤配置 BIOS 参数。

① 调入系统默认配置参数，为计算机各硬件与接口配置一个基本的工作参数。

② 调整系统日期和时间，设定当前的日期和时间。

③ 调整系统启动顺序，如将第一启动盘设为 CDROM（光盘驱动器），第二启动盘设为 USB HDD（USB 启动盘），第三启动盘设为 HDD（硬盘）。

④ 打开板载声卡或网卡。

⑤ 保存后退出。

（4）常见的功能项

除了前面提到的配置系统时间、启动顺序、打开板载功能模块，很多 BIOS 还可以实现以下多种功能：

- 了解系统中 CPU 温度及风扇转速等硬件工作状态（H/W MONITOR）
- ATA 及 IDE 接口设备支持功能（ATA/IDE CONFIGURATION）
- CPU 的 FSB 频率、电压调节（CPU FSB FREQUENCY、CPU VOLTAGE）
- 断电恢复后计算机应处于何种状态（RESTORE ON AC/POWER LOSS）

此外，诸如内存工作时序参数、电压，整合器件参数配置，节能参数配置，各总线工作频率配置等大量参数，也可以在 BIOS 设置程序中进行配置，但不当的参数设置有时会使计算机工作异常。

3．用 BIOS 设置具体的工作参数

尝试将当前的系统时间设为 2022 年 05 月 20 日 09 时 40 分，设置光驱为第一启动设备，硬盘为第二启动设备，关闭板载声卡或网卡，为 BIOS 设置管理员密码 abcd（要求每次进入 BIOS 都必须验证该密码）。找出当前 CPU 的工作频率、电压、温度及 CPU 风扇的转速。

知识补充

一、升级主板 BIOS

由于新设备、新标准不断涌现，每个主板的 BIOS 最初编写的代码无法保证对新型软、硬件完全兼容，解决的方法就是更新 BIOS。为了满足这种需求，现在存放 BIOS 的 ROM 芯片都采用了 EEPROM，即带电可擦可编程只读存储器。基于该技术的只读存储器，在特定的条件下，可用电信号将其内容擦除后重新写入数据。一旦硬件生产厂家发现原来的 BIOS 不够完善，就会适时发布新版的 BIOS 程序，让用户通过特定的刷写软件来更新 EEPROM 芯片中的 BIOS 解决问题。

厂家提供的新版 BIOS 一般可在其官方网站下载，同时也可以下载厂家为刷新主板 BIOS 提供的专用软件。

下面以型号为 PRIME Z690-P 的某品牌主板升级 BIOS 为例讲述操作步骤。

步骤 1：在其官方网站首页搜索关键字"PRIME Z690-P"，进入后单击"服务支持"，出现如图 3-1-7 所示的 BIOS 下载界面，在其中下载需要的版本（一般下载发布日期最新的版本）。

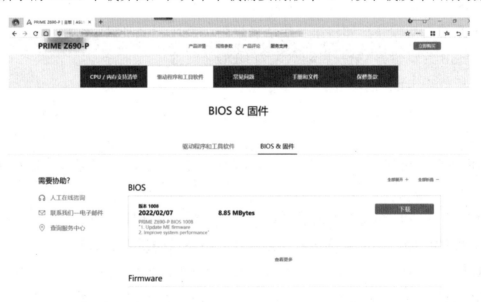

图 3-1-7　PRIME Z690-P 主板的新版 BIOS 下载界面

下载的升级文档一般至少包含两部分：刷新 EEPROM 的程序和新版本的 BIOS 数据文件，如图 3-1-8 所示。

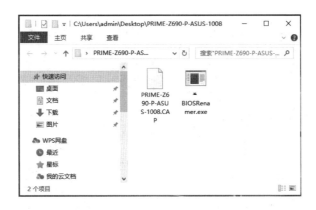

图 3-1-8　下载的 BIOS 升级文档

步骤 2：通过跳线或 BIOS 内部的设置，允许刷新 BIOS（这是为了防止恶意或误刷无效数据进入 BIOS，平时主板处于 ROM 保护状态，升级 BIOS 时需要暂时解除保护，有些主板不需要此步操作）。

步骤 3：打开已下载的压缩包，运行其中的可执行文件，用刷新 EEPROM 程序将新版本的 BIOS 数据文件写入 BIOS ROM 芯片。

步骤 4：重新启动计算机。

BIOS 的升级并不能大幅度提高计算机的性能，同时，升级具有一定的风险，所以只有在计算机工作中出现兼容性问题时，才建议升级 BIOS。

💡 **警告**：执行步骤 3 写入数据至 BIOS ROM 时，不可中途断电或强制重启，否则会导致计算机再也无法启动。

➡ **思考**：在为主板 BIOS 升级（或重新刷新 BIOS ROM）时，所选择的 BIOS 必须是同品牌同型号的主板所采用的！为什么？

二、利用 BIOS 进行超频

对于同系列的 CPU，甚至是同一颗 CPU 来说，其运行频率越高，就意味着同样的时间内可完成的运算更多，主机的性能就越好。一般来说，CPU 制造商为了保证 CPU 工作稳定，在标注产品频率时都会预留一部分频率空间。例如，实际能达到 4 GHz 的 CPU 可能只标注 3.6 GHz 来销售。因此，通过 BIOS 中的 CPU 特性配置项提高 CPU 的运行频率就可以提高主机的性能，这就是所谓的"超频"，即 CPU 的运行频率超过了其出厂标注的运行频率。

目前，BIOS 设置界面中往往提供关于超频的选项，如图 3-1-9 所示。

对于"超频"，切记 CPU 不是孤立工作的，尤其是将其前端总线频率（FSB）设置过高，会使内存条、PCI-E 总线控制器等无法正常工作而导致计算机工作异常，甚至无法开机。所以超频要处理好 FSB、CPU 与内存条工作电压、CPU 与各种总线的数据交换频率、CPU 散热等多个方面的问题。原则上"超频"越多，CPU 发热量越大、稳定性越差。目前，有不少 CPU 已经官方支持超频工作，这就是所谓的"睿频"技术，即处理器在需要进行大量运算时，暂时自行提高运行主频 10%～20%，以保证尽可能流畅地完成运算任务。

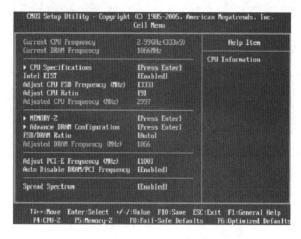

图 3-1-9　BIOS 中关于超频的选项

💡 **警告**：不正确的超频对计算机的硬件有损害，过高幅度的超频以及缺少良好的散热措施会导致计算机无法启动或器件损坏！

 常见故障与注意事项

1. 某计算机在通过 BIOS 设置内存运行参数后无法启动。

此故障原因在于 BIOS 设置中的内存运行参数设置不当。由于计算机已无法启动，不能再次进入 BIOS 设置界面重新配置运行参数，因此需要清除保存在 CMOS RAM 中的参数。参考主板说明书，断电后找到如图 3-1-10 所示的清除 CMOS RAM 参数的跳线或按钮，并将键帽插在 2～3 脚（CLEAR CMOS 端）上数秒或是按下"CLEAR CMOS"按钮数秒，可使 CMOS RAM 芯片掉电。再次打开电源，原 CMOS 数据即被清除，重新进行 BIOS 设置即可（各主板具体操作的方式略有差异）。

图 3-1-10　主板清除 CMOS RAM 参数的跳线或按钮

✅ **提示**：若忘记 BIOS 设置中设定的开机密码，也可采用此方法尝试解决。

---

2. 某台计算机希望使用 U 盘启动计算机。

插入可启动计算机的 U 盘，开机进入 BIOS 设置的"Boot"菜单，将启动计算机的第一设备调整为"USB Devices"或"Removable Devices"，部分计算机在指定启动设备的选项中可以直接指定插入 U 盘的设备名，保存后退出，重启计算机即可。

3．某计算机无法识别任何 USB 设备。

进入 BIOS 设置，将"OnChip USB"和"Assign IRQ for USB"两项设置为"Enabled"。

4．某计算机关机后，接在 USB 接口上的摄像头照明灯常亮。

进入 BIOS 设置，将"ErP Support"项设置为"Enabled"，打开节能选项可以禁止 USB 接口关机后的电流输出。

达标检测

1．在 BIOS 设置中，当要禁用某项功能时，通常选择将该项设置为（　　　）。

    A．Disabled   B．Enabled

    C．Run   D．Device

2．通常进入 BIOS 设置的方法是（　　　）。

    A．从 Windows 中进入   B．通过网络进入

    C．开机自检时按下热键   D．制作启动 U 盘进入

3．在 BIOS 设置中，在（　　　）选项中可以进行启动顺序的设置。

    A．Main   B．Advanced

    C．Boot   D．Security

4．如图 3-1-11 所示为系统状态，此时 CPU 的温度为_____，CPU 的风扇转速为_____。

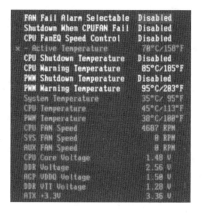

图 3-1-11　系统状态

任务 3.2　磁盘规划与分区、格式化

任务目标

● 认识磁盘分区

- 能对磁盘进行分区、格式化等操作
- 能对磁盘分区进行合理规划

 **任务环境**

可上网的演示用计算机。

课前预习

一、简答题

观察自己家的计算机，回答以下问题。

（1）目前所使用的磁盘是多大容量的？

（2）安装的是什么版本的操作系统？

（3）当前磁盘分为几个区？每个区的大小（容量）是多少？

二、我爱记单词

磁盘的英文单词是_____。

分区的英文单词是_____。

 **知识准备**

一、磁盘分区

磁盘，是一种数据存储介质基于磁介质的外部存储器，是数十年来最常使用的存储方案。虽然目前有很多外部存储器已经不再使用磁介质了，比如"固态硬盘""U 盘""光盘"，但由于使用习惯，在很多场合仍将计算机的外部存储设备统称为"磁盘"。

为了使各类文件数据合理地、分类别地存放在磁盘中，用户通常需要对计算机的磁盘存储空间和存储区域进行划分，也就是常说的分区。分区之后，计算机可以快速读取磁盘上任意一个文件中的数据，并按照规定的格式进行文件读写。将磁盘分区按照指定格式进行初始化就是对磁盘分区进行格式化。所以，通常新购买的磁盘应进行分区及格式化后才能存储数据。

这里先解释一下"物理盘（Physical Disk）"与"逻辑盘（Logical Disk）"的概念。物理盘就是计算机中所安装的磁盘实体，逻辑盘则是对物理盘的磁盘空间经过划分所建立的相对独立的存储区。在物理盘上划分逻辑盘的过程就是磁盘分区，如通过磁盘分区程序在某物理盘上建立了3个逻辑盘，这3个逻辑盘就是今后使用该计算机的C盘、D盘、E盘。

在对磁盘进行分区时，可以将整个磁盘建一个分区，也可以将磁盘划分为多个分区。但无论怎样分区，整个磁盘上只能创建四个主分区。当需要多于4个逻辑盘时，则需要用一个主分区的名额创建扩展分区，并在扩展分区内再建多个逻辑盘的方法实现。主分区是具有启动计算机能力的磁盘分区，如果计算机上只安装了一个操作系统，则没有必要创建多个主分区。要创建两个以上分区时，可以创建一个主分区，并将主分区以外的分区称为扩展分区。而扩展分区可以再划为多个逻辑分区。为了便于理解，假设有以下三种情况：

（1）将整个磁盘0的容量划分为一个分区时，磁盘0只有一个主分区即C盘，没有扩展分区，如图3-2-1所示。

（2）将磁盘0的容量划分为两个分区，且第二个分区是以扩展分区创建的，则磁盘0上会存在一个主分区C盘和一个扩展分区，扩展分区没有划分为多个逻辑分区，只有一个逻辑盘D，如图3-2-2所示。

（3）将磁盘0划分为三个分区，磁盘0上会存在一个主分区C盘和一个扩展分区，扩展分区又划分为两个逻辑分区D盘和E盘，如图3-2-3所示。

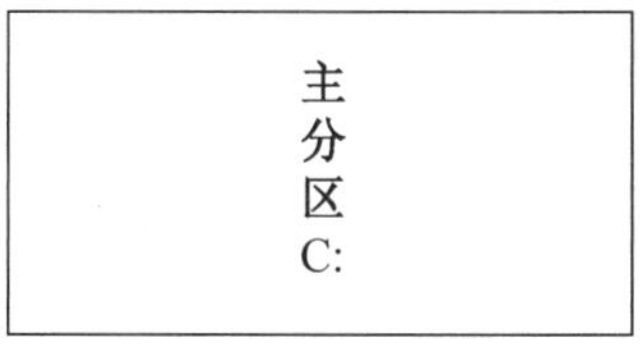

图3-2-1　整个磁盘为一个分区 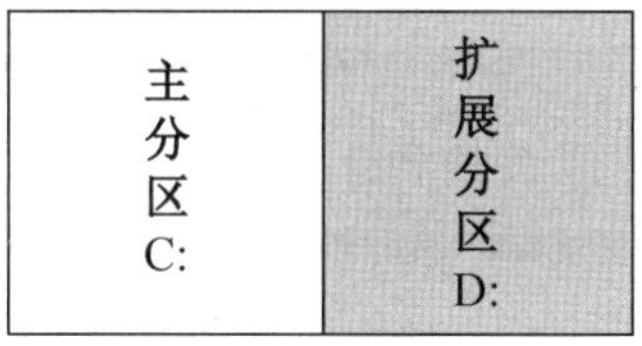　　图3-2-2　主分区与扩展分区各一个 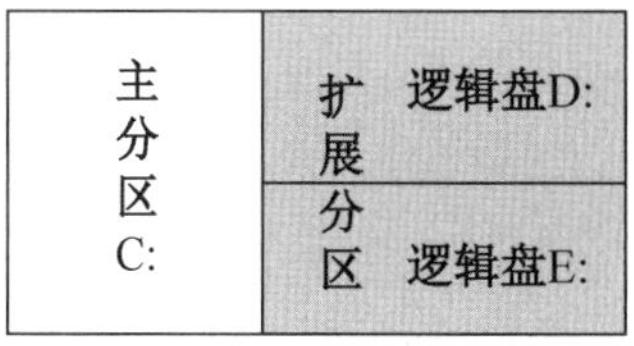　　图3-2-3　三个分区
（包含两个逻辑盘）

在这个案例中，由于只有一个主分区，则只有该分区可以启动计算机，因此将操作系统安装至该主分区。

二、文件系统格式

文件系统是操作系统用于明确磁盘分区上数据存储的结构，即在存储设备上组织文件的方法。在对磁盘进行分区时，就应指定所划分的分区使用什么样的文件系统格式来组织该分区上的文件存储。当前主流的Windows版本支持NTFS及FAT两种文件系统格式。FAT文件系统是早期极为流行的文件系统格式，广泛用于各类设备。经常接插在不同设备上的U盘，一般默认采用FAT文件系统格式。由于此文件系统格式老旧，因此对于大容量的分区、大容量的文件都不支持，且安全性与磁盘使用效率也都存在许多先天不足。NTFS文件系统格式不考虑兼容早期的FAT文件系统格式，所以无论是安全性还是磁盘使用效率都具有极大的优势。对于运行Windows操作系统的计算机来说，应尽可能地使用NTFS文件系统格式对磁盘进行分区。

有很多方法与工具软件可以对磁盘进行分区和格式化。在安装Windows操作系统时，可以在安装向导中对磁盘进行分区、格式化。安装好的 Windows 操作系统也提供了磁盘管理工具用于分区、格式化磁盘。此外，还有很多第三方的工具软件可以实现对磁盘进行分区、格式化。本任务主要讨论使用 Windows 操作系统自身的工具实现对磁盘的分区与格式化等操作。

一、使用"磁盘管理"进行基本分区与格式化操作

在使用计算机时，可以在 Windows 操作系统中通过"磁盘管理"对磁盘进行分区与格式化。以 Windows 10 操作系统为例，打开"磁盘管理"的方法是："开始"菜单→Windows 管理工具→计算机管理→磁盘管理，如图 3-2-4 所示。

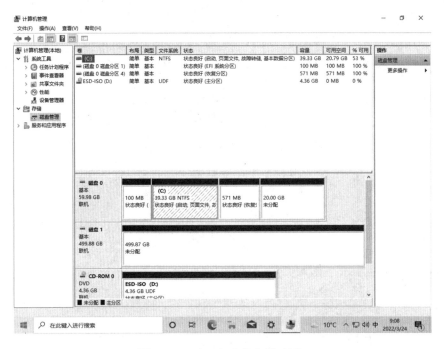

图 3-2-4　打开"磁盘管理"

此外，在"开始"菜单的运行窗口中输入"diskmgmt.msc"并回车，也可以打开"磁盘管理"窗口。

如图 3-2-5 所示，现将一块 500 GB 的磁盘划分为 100.00 GB、150.00 GB、250.00 GB 三个分区，其中 100.00 GB 的分区为活动分区，其具体操作步骤如下。

图 3-2-5　分区任务示意图

步骤 1：右击要分区的磁盘未分配区域，在如图 3-2-6 所示的快捷菜单中选择"新建简单卷"选项，弹出"新建简单卷向导"对话框。

图 3-2-6　"新建简单卷"选项

步骤 2：在如图 3-2-7 所示的"新建简单卷向导"对话框中"简单卷大小"处填入指定的分区容量大小，单位为 MB。单击"下一页"按钮。

步骤 3：在如图 3-2-8 所示的"新建简单卷向导"对话框中指定驱动器号，也可以采用系统默认编号，直接单击"下一页"按钮。

图 3-2-7　指定"简单卷大小"　　　　　　图 3-2-8　指定驱动器号

步骤 4：在如图 3-2-9 所示的"新建简单卷向导"对话框中指定分区的文件系统格式，以及选择系统是否格式化该分区、指定卷标等操作后，单击"下一页"按钮。

若要划分多个分区，则反复执行步骤 1 至步骤 4 的操作。

步骤 5：如图 3-2-10 所示，在希望设置为活动分区的分区图块上右击，并在弹出的快捷菜单中选择"将分区标记为活动分区"选项，从而指定某分区为活动分区（启动计算机的分区）。

图 3-2-9　指定分区的文件系统格式　　　　图 3-2-10　指定活动分区

二、使用"磁盘管理"创建动态磁盘分区

自 Windows 2000 操作系统以后，"磁盘管理"还支持动态磁盘。相比传统的磁盘分区，使用动态磁盘有诸多好处，比如可以支持磁盘容量的扩充与裁剪，可以用多个物理磁盘的存储空间共同创建一个大容量的逻辑分区，可以让多个磁盘协同工作形成磁盘阵列等，让磁盘的读写更加高速、可靠。

当然，由于动态磁盘是 Microsoft 公司提供的磁盘配置方案，并非行业标准，所以计算机自检完成后启动计算机时，是不会识别动态磁盘的。因此，对于需要启动计算机的磁盘来说，不适用于动态磁盘。如果计算机内有多块物理磁盘，可以将不用于启动计算机的磁盘配置为动态磁盘。

配置动态磁盘的方法如下：

步骤 1：将基本磁盘转换为动态磁盘。

在如图 3-2-11 所示的待转换为动态磁盘的物理磁盘标签处右击，在弹出的快捷菜单中选择"转换到动态磁盘"选项，在如图 3-2-12 所示的对话框中选择待转换的磁盘。

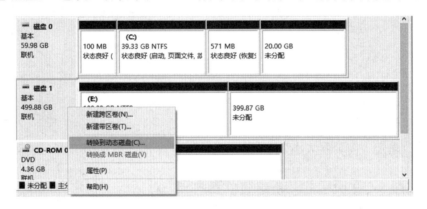

图 3-2-11　转换到动态磁盘

💡 **警告**：装有操作系统的磁盘不要转换为动态磁盘，否则会导致计算机无法启动。在转换前，系统也会对用户进行警示，并要求用户确认是否继续，如图 3-2-13 所示。

图 3-2-12　选择待转换的磁盘

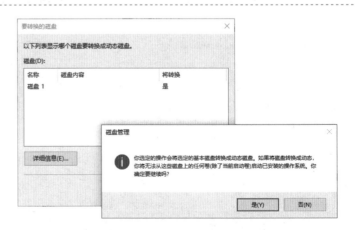

图 3-2-13　转换动态磁盘的警示

步骤 2：根据实际需求创建动态磁盘分区。

1．创建简单卷

简单卷是一种可以在使用过程中随时进行容量扩展与裁剪的逻辑分区，创建简单卷只需要一块已转换为动态磁盘的物理磁盘即可。其创建过程与创建普通分区完全一致。

2．创建跨区卷

跨区卷需要使用到多个已转换为动态磁盘的物理磁盘，它会利用各动态磁盘上的未分配空间组合创建一个逻辑分区，这样可以将多个较小的未分配空间组合成一个较大容量的分区，实现较高的存储空间利用率。跨区卷同样具备简单卷可以在使用中进行容量扩展与裁剪的特性。值得注意的是，当使用"磁盘管理"工具删除跨区卷中的任意一块存储区域时，整个跨区卷会被全部删除，导致数据全部丢失。所以，在使用跨区卷时一定要明白，分散在不同动态磁盘上的多个存储区域所组成的跨区卷是一个整体。

创建跨区卷与创建普通分区的操作基本一致，唯一不同之处在于需指定两块以上的动态磁盘及每个磁盘指定的存储容量，所创建的跨区卷容量是各动态磁盘容量之和。"新建跨区卷"对话框如图 3-2-14 所示。

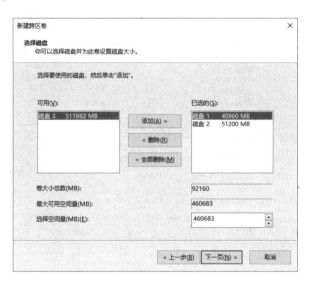

图 3-2-14　"新建跨区卷"对话框

3．创建带区卷

对某些用户来说，用两块动态磁盘协同工作，并不要求提高存储数据的可靠性，而是希望加倍提高读写速率，此时就应该创建带区卷。带区卷是指两块动态磁盘协同工作，当系统向带区卷写入数据时，数据会被平均分拆为两份，每个动态磁盘各写入一份，读取数据时也是由两块动态磁盘同时读出数据再组合成整体，因此读写速度会成倍提高。

如果创建一个 100 GB 的带区卷，则需要两块动态磁盘，每块动态磁盘各提供 50 GB 的存储空间即可。值得注意的是，带区卷中的任意一个动态磁盘出现故障，整个带区卷都会受到影响。

创建带区卷与创建跨区卷的操作基本一致，唯一不同之处在于需指定两块以上的动态磁盘且每个磁盘提供的存储容量是相同的，所创建的带区卷容量等于单个动态磁盘提供的存储容量乘以磁盘数。

三、使用"磁盘管理"对磁盘分区进行格式化

磁盘分区完成后，在使用磁盘进行数据存储之前还必须进行格式化。格式化工作就是按照文件系统的格式要求，对磁盘进行初始操作，以便计算机在存取数据时可以快速找到相应的存储位置，快速取得该文件或文件夹的读写权限，实现各类数据有序地在计算机中存储。

对磁盘分区进行格式化非常简单，在资源管理器窗口中找到需要格式化的磁盘，如图3-2-15所示，右击磁盘图标，在弹出的快捷菜单中选择"格式化"选项，指定所要采用的"文件系统"与"分配单元大小"等参数后，即可进行格式化操作。

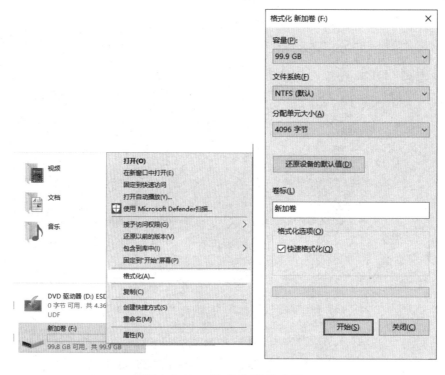

图 3-2-15　格式化磁盘分区

标准的格式化过程需要对磁盘中的每个分配单元都要做擦除操作，如果某分配单元在擦除操作时有故障，则标注为"不可用"，以便后续写入数据时跳过该区域。因此，标准的格式化需花费较多时间。较新的磁盘基本不会出现不可用的存储区域，因此可以使用"快速格式化"操作，略过对每个分配单元都做擦除操作的环节，仅用指定的文件系统重置整个磁盘分区即可，从而节省大量的时间。

对磁盘进行分区、格式化的方法很多，"任务3.3　安装 Windows 操作系统"中还会介绍在安装 Windows 过程中如何进行磁盘分区。此外，还可以使用"PartitionMagic"等第三方工具软件来实现分区与格式化功能。

知识补充

一、规划磁盘分区需要考虑的问题

在配置之前，需要考虑这样一些问题：这台计算机到底准备用来做什么工作？所做的工作对操作系统是否有相关的要求？根据工作要求，计算机的磁盘究竟应该如何规划？

对照工作要求，决定好将要安装的软件数量及方式。一般来说，如果工作任务较单一，可考虑安装单个 Windows 操作系统；如果以学习为目的，可参照需学习软件的需求，考虑安装多操作系统。这里给出以下分区建议。

（1）尽量用单独的分区安装操作系统，且尽量不要在操作系统分区存放应用软件、工具软件、数据等非系统软件和文件。

（2）关于文件系统格式问题，如果无须兼容某些特殊软件，建议所有分区全部采用 NTFS 格式。特别是要存放 DVD 镜像、高清视频文件的用户，因为 FAT 文件系统不支持单个大于 4 GB 的文件，且使用大容量磁盘时，磁盘空间浪费较大。此外，当对文件或文件夹的安全权限有较高要求时，也应考虑使用 NTFS 格式。

（3）分区并不是越多越好，应该在使用方便的前提下划分适当的分区。

（4）虽然用户可以使用相应软件进行动态无损调整分区大小，但分区前应尽可能地规划好各分区的大小，养成良好的习惯，因为分区时很容易使磁盘中的原有数据丢失。

> **提示**：在百度搜索上以"磁盘分区规划"或"多操作系统安装"为关键字进行搜索，阅读相关文章，可以对磁盘分区有进一步的了解。

二、磁盘分区的分配单元

"分配单元"是一个文件系统在格式化时设定的磁盘存储单元，每个文件都是按照这个分配单元的大小分割为若干块存储在磁盘上的。要特别注意的是，每个分配单元只能存放一个文件的数据，文件实际大小与占用空间如图 3-2-16 所示。例如，某磁盘分区的分配单元大小为 4096 字节，存储其中的某文件大小为 17 242 字节，那么该文件实际在磁盘上会占有 5 个分配单元大小，即 20 480 字节。即使第 5 个分配单元空闲了 3238 字节，也不能再存放其他文件了。一般来说，分配单元越小越节约空间，但读写时越浪费时间。反之，分配单元越大越节约读取时间，但浪费空间。

图 3-2-16　文件实际大小与占用空间

常见故障与注意事项

使用计算机的过程中，出现某分区容量不足警示。

分区容量不足则需要对分区容量进行扩容，但基本分区并不允许对分区容量做任何调整。如果删除分区重新创建大容量分区，则数据会丢失。所以，分区时应着眼于未来使用情况，尽量预留足够的空间。

如果分区容量确实无法满足使用，应按以下思路处理：

- 优先考虑清理磁盘数据，腾出足够的空间。
- 搬走大容量的数据至其他容量充足的分区（安装后的程序文件不要轻易移动）。
- 卸载不常用的软件。
- 如果是 NTFS 文件系统的分区，且不是像 C 盘一样的启动分区，可以在如图 3-2-17 所示的磁盘属性页面开启"压缩此驱动器以节约磁盘空间"功能。
- 如果上述方法仍无法解决磁盘空间不足的问题，可以在备份数据后，用第三方分区软件进行分区容量调整。不过应做好充足准备，因为一旦分区破坏，数据是无法挽回的。

图 3-2-17　磁盘属性页面

达标检测

1. 使用 Windows 操作系统对 U 盘进行格式化时，从兼容性角度考虑，建议使用_____

格式的文件系统；若该 U 盘经常存放大于 4 GB 的文件时，建议使用_____格式文件系统。

2. 快速格式化与标准格式化的区别是：_____。

3. 可以启动计算机的系统分区只能是（　　）。

　　A. 活动主分区　　　　　　　B. 扩展分区

　　C. 未标注为活动分区的主分区　D. 动态磁盘

4. 被删除分区中的数据会（　　）。

　　A. 丢失且难以恢复　　　　　B. 丢失但可以轻松恢复

　　C. 有可能丢失　　　　　　　D. 非主分区的数据会丢失

任务 3.3　安装 Windows 操作系统

任务目标

- 能按照实际需求为计算机安装 Windows 操作系统
- 能在安装 Windows 操作系统的过程中进行合理分区

任务环境

带有 DVD 光盘驱动器的演示用计算机；Windows 10 安装光盘或容量大于 8 GB 的空白 U 盘；可以访问互联网的计算机。

连连看

用线条将不同的设备与其所用的主流操作系统一一对应起来。

个人计算机

服务器

智能手机

一、了解 Windows

Windows 是微软公司研发的一套图形化界面的操作系统，相比从前的通过指令来使用计算机的方式显得更为人性化。随着计算机硬件和软件的不断升级，微软的 Windows 也在不断升级。从架构的 16 位、32 位再到 64 位，系统版本从最初的 Windows 1.0 到大家熟知的 Windows 2000、Windows XP、Windows 7、Windows 10、Windows 11 以及用于服务器的 Windows Server 操作系统，其易用性高，应用软件极其丰富，是当今计算机普遍安装的操作系统。

如图 3-3-1 所示，用于个人计算机的常见 Windows 版本有 Windows XP、Windows 7、Windows 10、Windows 11 等。

Windows XP

Windows 7

Windows 10

Windows 11

图 3-3-1 用于个人计算机的常见 Windows 版本

二、Windows 10 操作系统的运行环境

由于目前市场占有率较高的 Windows 版本为 Windows 10，所以本任务以 Windows 10 操作系统家庭版（64 位）为例进行介绍。

对于 Windows 10 操作系统而言，要使其各项功能均能正常运行，建议计算机高于以下配置：

- 1 GHz 或更快的 32 位或 64 位处理器。
- 至少 1 GB RAM（32 位 Windows 10 操作系统）或 2 GB RAM（64 位 Windows 10 操作系统）。
- 16 GB 可用硬盘空间（32 位 Windows 10 操作系统）或 32 GB 可用硬盘空间（64 位 Windows 10 操作系统）。
- DirectX 9 图形设备（WDDM 1.0 或更高版本的驱动程序）。

事实上，上述配置要求对于目前的硬件发展来说要求并不高，基本上近几年生产的计算机运行 Windows 10 操作系统都没有问题。

此外，如果需要从光盘安装 Windows 10 操作系统，还需要一台 DVD 光盘驱动器；如果需要从 U 盘安装 Windows 10 操作系统，那么应准备一个容量大于 8 GB 的空白 U 盘。

提示：一般来说，计算机配置越高，Windows 运行越流畅，且 Windows 的运行需要消耗大量的内存空间，内存容量的大小将直接关系到 Windows 运行流畅与否！

内容与步骤

一、获取 Windows 10 操作系统

Windows 10 操作系统可以通过多种渠道获得，传统的购买方式是通过网络或实体店购买 DVD 安装光盘或安装 U 盘。也可以直接登录微软网站下载安装包，但以这种方式获得的 Windows 10 操作系统，需要在安装后激活系统，否则只能使用试用版。

本任务以下载安装包的方式来介绍如何向一台新计算机安装 Windows 10 操作系统家庭版。

找一台可以访问互联网的计算机，登录微软官方网站的"下载 Windows 10"页面，单击页面中的"立即下载工具"按钮，如图 3-3-2 所示。

图 3-3-2　微软官方网站的"下载 Windows 10"页面

这个"下载工具"具有两个功能：一是为用户制作一个启动介质（U 盘或光盘）；二是帮助用户下载 Windows 10 操作系统，并将下载好的 Windows 10 操作系统存放到启动介质中。

运行所下载的"下载工具"并接受微软公司的软件许可条款后，如图 3-3-3 所示，选择"为另一台电脑创建安装介质（U 盘、DVD 或 ISO 文件）"选项。

确定要下载的 Windows 语言及版本后单击"下一步"按钮，根据实际安装条件选择 U 盘或 ISO 文件（光盘镜像文件，可使用光盘刻录机制作安装光盘），如图 3-3-4 所示。

图 3-3-3　Windows 10 下载工具运行选项（一）

图 3-3-4　Windows 10 下载工具运行选项（二）

接下来只需等待"下载工具"将指定规格的 Windows 10 操作系统下载并创建到相应的启动介质中。这个阶段的时间主要取决于网络速度与磁盘的写入速度，如图 3-3-5 所示。

图 3-3-5　Windows 10 下载工具获取 Windows 10 操作系统并创建启动介质过程

二、安装前的准备工作

（1）将制作好的安装 U 盘插入待安装操作系统的计算机的 USB 接口上（或将制作好的安装光盘插入待安装操作系统的计算机的光驱中）。

（2）将 U 盘设为临时的优先启动设备（或将 DVD 光盘驱动器设为临时的优先启动设备）。

在启动计算机时按下热键（一般是 Esc 键或 F12 键）进入 Boot Menu，临时指定本次计算机启动优先使用 U 盘或光盘驱动器。

三、安装 Windows 10 操作系统

现有一台要安装 Windows 10 操作系统的计算机，拥有 2 TB 的未使用磁盘空间，要求按如下分区规划：C 盘 150 GB，其余空间暂时不划分。Windows 10 操作系统安装在 150 GB 的 C 盘中。

在安装过程中，记录主要安装步骤，并完成表 3-3-1 中的内容。

表 3-3-1　Windows 10 操作系统安装记录表

安 装 项 目	安装时设定的内容	备 注 说 明
安装位置（安装至哪个分区）		
是否格式化原有分区，如有，采用哪种方式格式化		
系统管理员密码		
安装过程中重新启动几次计算机，分别在什么情况下重新启动		

当计算机从启动介质启动后，很快就加载了 Windows10 操作系统的安装程序，用户可以指定要安装的语言、时间和货币格式、键盘和输入方法，如图 3-3-6 所示。如果没有特殊需求，可以采用默认值，即"中文（简体，中国）"系列参数，单击"下一步"按钮继续安装进程。

如果是全新安装，则单击如图 3-3-7 所示的"现在安装"按钮；如果是计算机中原有的 Windows 运行异常，可以通过单击屏幕左下侧的"修复计算机"选项，进入对原来 Windows 操作系统修补安装模式。

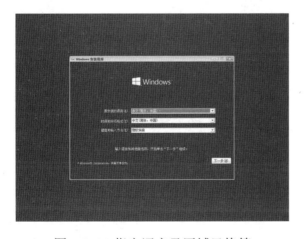

图 3-3-6　指定语言及区域风格等

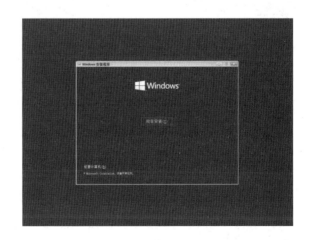

图 3-3-7　"现在安装"按钮

在如图 3-3-8 所示界面中，指定安装 Windows 10 操作系统的版本时请务必注意，如果已经取得了相应版本的序列号，则必须选择与序列号对应的 Windows 版本；如果未取得任何序列号，则后续激活时会根据此时选择的版本收费。

如图 3-3-9 所示，输入产品密钥。如果暂时没有产品密钥，则可以选择下方的"我没有产品密钥"选项，这样会继续安装，但安装好的 Windows 10 操作系统处于短期的试用状态，长期正式使用则必须付费激活。

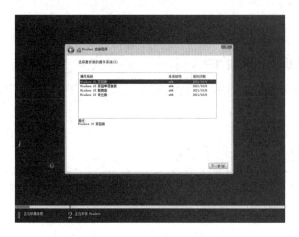

图 3-3-8 选择待安装的版本   图 3-3-9 输入产品密钥

输入产品密钥后，单击"下一步"按钮，出现微软的软件许可条款，如图 3-3-10 所示，这里必须勾选"我接受许可条款"选项方可继续安装。

同意许可条款之后，系统会要求用户指定是升级原有系统还是全新安装，对于未使用的全新硬盘或需要安装全新 Windows 的用户来说，应选择如图 3-3-11 所示界面中的第二项——"自定义：仅安装 Windows（高级）"选项。

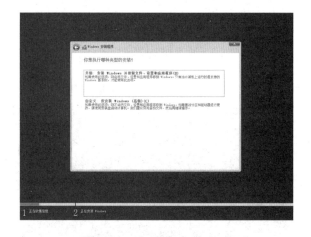

图 3-3-10 微软的软件许可条款   图 3-3-11 选择安装方式

接下来是安装中重点要注意的地方，即指定安装分区，此过程中允许用户进行新建新分区、删除原有分区、调整分区容量、格式化分区等操作，如图 3-3-12 所示。单击"下一步"按钮，未使用磁盘的所有空间均处于"未分配的空间"状态，选中其"未分配的空间"项后，在界面下方的"大小"选项处指定要新建的分区容量，如图 3-3-13 所示。要特别注意的是，该处的单位往往是 MB。例如，要指定 40 GB 左右的分区大小，此处就应指定为 40960 MB 后，单击"应用"按钮。当创建分区时，Windows 操作系统会自动创建一个容量约 100 MB 的系统保留区。

当然，对于已创建的分区，可以通过"删除""扩展"等方式来移除或调整容量。但在一块磁盘中，只允许创建 4 个主分区。如果希望得到更多分区，则需要参照前面所述的方法，通过在扩展分区中创建逻辑分区的方法来实现。安装程序此处只提供了基本的分区功能，过多的分区配置建议在安装 Windows 之前实现。

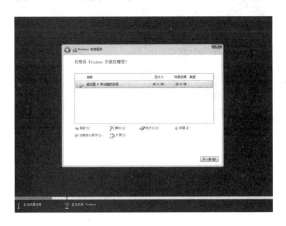

图 3-3-12　安装分区配置（一）

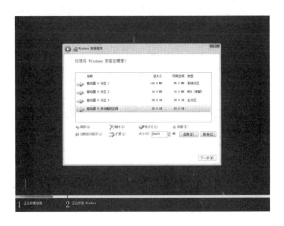

图 3-3-13　安装分区配置（二）

创建好系统分区后，可以依次创建其他分区，也可以先闲置未分配分区，待 Windows 10 操作系统安装完成后在系统内再进一步分区。但必须注意的是，单击"下一步"按钮之前，必须用鼠标选中要安装的分区，如果此时被选中的分区是"未分配的空间"，则 Windows 会在该未分配空间上创建一个分区并安装至这个分区。在如图 3-3-13 所示的安装位置选择步骤，如果要安装到所创建的 39.9 GB 主分区中，则应先用鼠标选中"驱动器 0 分区 3"，然后再单击"下一步"按钮，Windows 就会安装至指定的分区中。

当 Windows 将所有文件复制到指定位置后，计算机会重新启动（如图 3-3-14 所示，此时应恢复磁盘的优先启动顺序），并要求用户指定计算机的使用区域，以便 Windows 为用户确定所用语言、时区等参数，如图 3-3-15 所示。

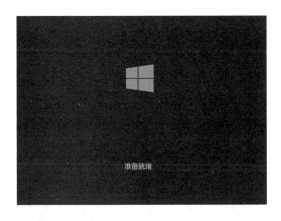

图 3-3-14　重新启动

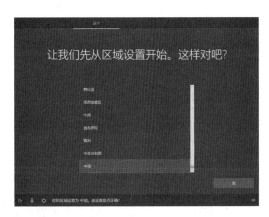

图 3-3-15　区域设置

如图 3-3-16 所示，指定默认的输入法。

系统接下来会要求指定该 Windows 属于哪个 Microsoft 账户所有，如图 3-3-17 所示。关联上 Microsoft 账户后，可以享受 Microsoft 的云服务。如果没有 Microsoft 账户，可以在此创建。未来在登录该计算机时，也是使用该账户名进行登录。

图 3-3-16　指定默认的输入法

图 3-3-17　指定 Microsoft 账户

要特别注意的是，创建新 Microsoft 账户的过程中可能需要通过邮件或手机进行认证。

Windows 操作系统接下来会为用户定制隐私设置与体验需求，此时只需要在如图 3-3-18 和图 3-3-19 所示的界面中分别设置隐私项和定制体验项即可。

图 3-3-18　设置隐私项

图 3-3-19　定制体验项

为当前的账户创建登录密码，如图 3-3-20 所示，该密码有强度要求，限定必须超过 8 个字符，且应包含大写字母、小写字母、符号、数字中的两种字符。为了防止用户忘记登录密码，创建完密码后还需要预设三个问题的答案，以备恢复密码所用。

之后 Windows 10 操作系统安装结束，直接进入如图 3-3-21 所示的系统界面。

图 3-3-20　创建登录密码

图 3-3-21　Windows10 操作系统界面

知识补充

一、32 位操作系统与 64 位操作系统

随着硬件的发展及信息存储需求的增长，很多计算机已经需要使用 4 GB 以上的内存，而传统的 32 位操作系统，由于使用 32 位 CPU 指令集，其指令寻址能力无法对超过 4 GB 的存储空间进行寻址，再加上 I/O 设备地址占用了 3 GB 以上的地址码，使得 32 位操作系统仅能支持 3 GB 左右的内存空间。因此，除非有必须使用的软件且该软件与 64 位系统不兼容，否则优先考虑安装 64 位版本的操作系统。Windows 10 是 Microsoft 最后一版带有 32 位操作系统的个人计算机专用的操作系统，之后的 Windows 操作系统只有 64 位版本。

二、Windows 操作系统的升级服务

对于操作系统而言，存在缺陷、漏洞，或随着技术发展存在功能欠缺，这些都是很正常的。软件发行商为原有版本的操作系统弥补缺陷、修复漏洞或添加功能，会定期发布包含一系列软件补丁的服务包，其用途是修补操作系统中的安全漏洞、优化系统、增加功能等。如 Windows XP SP3、Windows 7 SP1、Windows 10 21H2 就是指已经完成某版服务包安装的 Windows 操作系统。一般来说，系统版本后标注的升级版数字越大越好。

三、其他常见的客户机操作系统

1. Linux

Linux 是一种免费使用和自由传播的类 UNIX 操作系统，其内核由林纳斯·本纳第克特·托瓦兹于 1991 年 10 月 5 日首次发布，是一个开源的多用户、多任务、支持多线程和多 CPU 的操作系统。

由于 Linux 的开源特性，使得来自全世界各个国家的系统开发人员都能获取和研究其源代码，并不断为其加入新的特性，更新对新硬件的支持，使得 Linux 成为功能完善、工作稳定的优秀操作系统。相比 Windows 操作系统而言，Linux 操作系统有一个巨大的优势，就是可以运行在不同架构的计算机上，比如 x86 系列处理器的计算机与 ARM 系列处理器的设备都可以运行，因为只要在特定架构的计算机上对源代码进行一次编译，就可以生成在该平台上可运行的程序。

Linux 本身是开源且免费的操作系统，但仍有很多厂家基于 Linux 操作系统开发了具有方便使用、功能强大等特性的发行版进行销售。众多的专业厂家加入，使得现在的 Linux 操作系统能和 Windows 操作系统一样使用方便。且不仅在客户机上十分受欢迎，Linux 操作系统还非常适合服务器使用。购买这些厂家所发行的 Linux 操作系统，一方面可以获得相对于 Windows 操作系统来说更加实惠的价格，另一方面也可以获得厂家的持续技术支持。

常见的发行版 Linux 操作系统如图 3-3-22 所示。

品牌：RedHat Linux

特点：资深的 Linux 发行版，资料丰富，用户众多。同时也提供完全免费的 CentOS Linux。

品牌：Ubuntu Linux

特点：完全免费，界面友好，容易上手，公认为最适合做桌面操作系统的 Linux。

品牌：SUSE Linux

特点：资深的 Linux 发行版，资料丰富，用户众多，界面友好，便于使用。

图 3-3-22　常见的发行版 Linux

由于 Linux 操作系统开源的特性，对于希望学习操作系统工作原理的人来说，Linux 也是非常受欢迎的操作系统。而且其源代码完全开放，也无法置入后门，基于 Linux 开发的操作系统也是很多国家重要部门计算机所采用的操作系统。

2．HarmonyOS（鸿蒙）

HarmonyOS 是由华为公司为未来的物联网时代所开发的智能操作系统，是面向万物互联的全场景分布式操作系统，华为公司希望它可以运行在包括手机、平板电脑等各种智能化设备之中。HarmonyOS 操作系统的目标是打造人、设备、场景有机地联系在一起的超级互联世界，实现各智能设备极速发现、极速连接、硬件互助、资源共享。目前，HarmonyOS 操作系统已在数亿台手机、平板电脑、智能手表、智能电视上运行，并支持运行安卓应用程序，具有极为丰富的软件生态，是一款适合智能物联时代的操作系统。

3．安卓

安卓（Android）是很多青年一代都知道的操作系统，它广泛应用于手机、平板电脑等智能设备上。如此广泛的使用说明安卓系统是一种优秀的操作系统。安卓系统之所以能够极快地普及，功能如此完善，也是离不开 Linux 操作系统的。因为安卓操作系统是一种基于 Linux 内核的自由及开放源代码的操作系统，由 Google 公司和开放手机联盟领导及开发。所以也可以说，安卓其实是广泛应用于手机、平板电脑等智能设备的 Linux 马甲。

4．iOS

iOS 是由苹果公司开发的移动操作系统，最初是设计给 iPhone 使用的，后来陆续套用到 iPod touch 和 iPad 上。iOS 与苹果的 macOS 操作系统一样，属于类 UNIX 的商业操作系统（Linux 也是类 UNIX 操作系统）。iOS 与安卓不同的是，它不是开源操作系统，所有在该系统上运行的软件均要通过苹果公司审核，用户使用其软件也必须在限定的应用商店（App Store）取得。这虽然给软件开发带来障碍，但也使得运行在其系统里的各种软件在一定程度是安全可靠、值得信赖的，从而保证了 iOS 操作系统运行的稳定性。

iOS 操作系统具有优秀的内存管理能力，同时，其开发理念就是完全从用户使用角度出发，所以该操作系统常常被用户认为是流畅、易用的代表。

常见故障与注意事项

1．无法在某台带有新型接口磁盘的计算机中顺利完成 Windows 10 操作系统的安装。

当某台计算机的磁盘或其数据接口为 Windows 10 操作系统无法正确识别的时候，建议在安装 Windows 10 操作系统时准备好该主板的磁盘或接口的驱动程序。一般来说，在进入 Windows 10 操作系统安装进程的指定安装分区界面时单击"加载驱动程序"选项，按照屏幕提示正确选择驱动程序后安装即可正常进行。

2．安装 Windows 操作系统时应注意以下事项。

（1）检查系统资源是否满足最低配置，低于最低配置是无法安装 Windows 操作系统的。

（2）准备好主板、显卡、声卡、网卡等设备的驱动程序，以防 Windows 操作系统无法正常运行，其中网卡驱动程序尤其重要，因为网卡如果工作正常，其余设备的驱动程序还可以联网查找。

 **达标检测**

1．某计算机将正版的 Windows 10 操作系统安装光盘插入光盘驱动器中，但是计算机启动并未进入 Windows 10 操作系统的安装界面，如何处理？

_____

_____

2．某计算机在安装 Windows 10 操作系统时，跳过了产品密钥的输入步骤，此 Windows 10 操作系统能否继续使用？

_____

_____

3．某台内存为 8 GB 的计算机，其安装完 Windows 10 32 bit 旗舰版之后，可用内存仅有 3 GB，这是怎么回事？

_____

_____

4．下列说法中不正确的一项是（　　　）。

　　A．使用盗版操作系统涉嫌违法

　　B．使用盗版操作系统易导致个人信息不安全

　　C．盗版操作系统和正版无差别

　　D．使用 Ghost 软件安装操作系统是安全的

5. 下列关于操作系统的说法中正确的一项是（　　　）。

    A．提供人机交互的平台

    B．管理计算机硬件和软件资源

    C．没有操作系统的计算机不能正常使用

    D．以上都对

6. 操作系统一般应安装在＿＿＿＿＿＿＿（主/扩展）分区。

任务 3.4　获取与安装设备驱动程序

任务目标

- 知道驱动程序的作用
- 能为指定的设备获取正确的驱动程序
- 能为指定的设备安装正确的驱动程序

任务环境

可接入互联网的演示用计算机。

尝试翻译以下计算机专业单词：

Driver ＿＿＿＿＿＿　　　Audio ＿＿＿＿＿＿　　　Display ＿＿＿＿＿＿

Chipset ＿＿＿＿＿＿　　　LAN ＿＿＿＿＿＿　　　WHQL ＿＿＿＿＿＿

一、驱动程序

驱动程序是向操作系统解释硬件设备工作方式、占用资源等信息的一类程序，硬件安装完成后，必须安装该硬件设备在所运行的操作系统中的专用驱动程序才能有效工作。

✔ 提示：当操作系统安装完成时，有些设备似乎未安装驱动程序即可正常工作，这是因为操作系统在安装过程中自动识别了这些设备，并在安装过程中自动为其安装了相应的驱动程序。

二、驱动程序的特点

对于驱动程序来说，具有以下特点。

一般来说，同一设备在不同操作系统下的驱动程序也有所不同。新版本的系统往往对硬件有更高的要求，如某显卡在 Windows 7 操作系统中工作的驱动程序就不能在 Windows 10 操作系统下正常使用。

驱动程序的版本不断更新，硬件设备的性能或兼容性也不断增强。一般来说，使用较高版本的驱动程序，其完善程度较高，可以最大限度地挖掘硬件设备的潜力。

由于绝大多数扩展设备、器件都是通过总线挂载至系统中的，而总线控制器集成在主板芯片组之中，所以主板芯片组的驱动程序应先于各类板卡驱动程序安装，以便各器件设备正常工作。

一、找到需要安装驱动程序的设备及其型号

当 Windows 操作系统安装完成后，部分设备的驱动程序已经自行安装完毕，但仍有部分设备的驱动程序需要手动安装，这是因为操作系统很难对其发行后新出现的设备进行识别。此时，用户就需要找出哪些设备需要手动安装驱动程序。以 Windows 10 操作系统为例，如图 3-4-1 所示，可通过单击"控制面板"→"硬件和声音"（查看方式："大图标"或"小图标"）→"设备管理器"来查看驱动程序安装情况。在如图 3-4-2 所示的"设备管理器"窗口中检查有哪些设备需要手动安装驱动程序，窗口中带有 图标的设备即为需手动安装驱动程序的设备，如图 3-4-3 所示。

图 3-4-1　硬件和声音（查看方式"大图标"）

图 3-4-2　"设备管理器"窗口

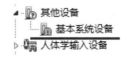

图 3-4-3　驱动程序异常的设备

二、获取所需要的驱动程序

在"设备管理器"窗口中，找到没有正确安装驱动程序的设备之后，就需要为这些设备安装与其型号完全一致的设备驱动程序。获取驱动程序有多种渠道，主要方法如下。

1. 带有配套驱动程序光盘的计算机

针对拥有驱动程序光盘的用户，品牌机可找出购买计算机时随机附带的驱动程序光盘，组装计算机可找出主板、显卡、声卡等设备的驱动程序光盘。这些光盘中的驱动程序一般都有自动安装功能，将其放入计算机的光盘驱动器，即可安装相应的驱动程序。少数不能自动安装的光盘，需要手动打开光盘中的内容，找到设备对应操作系统版本的驱动程序文件夹，执行其中的安装程序即可。

2. 知道品牌机或板卡的型号，但没有适合的驱动程序光盘

当找不到当时购买计算机时随机附带的驱动程序光盘，或是原来的驱动程序光盘不适合新的操作系统时，就需要通过其他途径获取驱动程序了。最方便的方法就是借助互联网下载硬件设备的驱动程序。

品牌机可以通过对计算机主机机身的观察，找到型号标贴。台式机的型号标贴一般在主机的背板或机身侧面，如图 3-4-4 所示。笔记本电脑的型号标贴一般在键盘触控板两侧，如图 3-4-5 所示。而主板型号可以在主板包装盒、主板说明书等处找到其型号，如图 3-4-6 所示。产品型号是在设备生产厂商官网搜寻驱动程序的关键。

图 3-4-4　台式机型号标贴　　　图 3-4-5　笔记本电脑型号标贴　　　图 3-4-6　主板包装盒

以华硕 A55BM-A/USB3 主板为例，若希望获得该主板所集成显卡在 Windows 10 32-bit 操作系统中的驱动程序，则只需登录华硕官方网站，进入"下载中心"页面，如图 3-4-7 所示，在"请输入您的产品型号"搜索框中输入关键字"A55BM-A/USB3"，随后指定需要驱动程序工作于 Windows 10 32-bit 操作系统，此时网站会按用户要求显示出符合条件的驱动程序，用户只需单击"下载"链接即可获得所需的驱动程序。

3. 未知品牌型号的计算机或板卡，或设备官网未提供配套驱动程序下载

如果所使用的计算机无法从机箱、外观、包装等处找到规格型号，那么用户还可以通过打开机箱找到相关板卡的规格型号；如果仍然无法了解板卡的规格型号，还可以观察设备的主控芯片型号，通过设备的主控芯片型号在互联网中搜索该设备的驱动程序。

图 3-4-7　至设备官网下载驱动程序

如图 3-4-8 所示的设备就是主控芯片型号为 ALC883 的声卡。

图 3-4-8　ALC883 声卡

以如图 3-4-9 所示主控芯片为 ALC883 的声卡为例，要获得其声卡适用于 Windows 10 操作系统的驱动程序，可登录"快科技"官方网站（提供各设备驱动程序下载的网站），在搜索栏中输入关键字"ALC883"，并指明搜索类别为"驱动"，即可搜索到相关驱动程序。

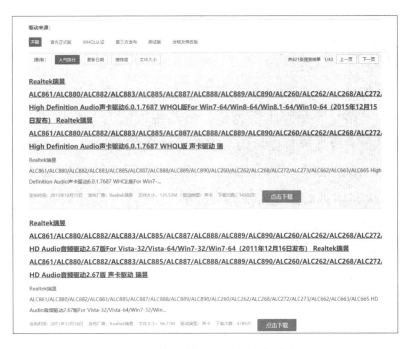

图 3-4-9　"快科技"（原驱动之家）下载

4. 既不知道计算机或板卡品牌型号，又看不懂板卡上的芯片规格型号

通过主控芯片型号基本上可以找到所需要的驱动程序，但在实际应用中，往往因为主机不方便拆开，或是即使拆开也不方便查找主控芯片等各种各样的困难，用户也可以通过如图 3-4-10 所示的"驱动精灵""驱动人生"等专业的驱动管理软件进行安装。这些软件可以实现智能检测硬件并自动查找最匹配的驱动程序进行安装，也可为用户提供最新的驱动更新，以及本机驱动的备份、还原和卸载等功能。其软件界面清晰、操作简单、设置人性化等优点，大大方便了用户管理驱动程序。这类智能驱动管理软件往往还配备了万能网卡版，用户在安装了智能驱动管理软件后，会自动识别网卡，先使网卡工作起来，方便随后下载其他硬件设备的驱动程序。

图 3-4-10 "驱动精灵"软件使用界面

☑ **提示：** 上述四种方案中后三种均需该计算机接入 Internet，且网络接入设备（如网卡）已安装驱动程序并工作正常，否则需借助其他计算机从 Internet 中下载后再复制到该计算机中。

三、驱动程序的安装

一般的主板及其集成设备的驱动程序都在主板驱动光盘里，将驱动光盘放入光驱后通常都会自动运行。以"微星"品牌主板为例，将其主板配套光盘插入光盘驱动器后，可在如图 3-4-11 所示的界面中根据屏幕提示信息安装各设备的驱动程序。如果没有自动运行，可双击"我的电脑"中的光驱盘符，进入相应的文件夹后运行其中的"Setup.exe"，如图 3-4-12 所示。当然，不同主板驱动盘的操作可能略有差异。

☑ **提示：** 如果是手动打开光盘盘符进行安装，则要考虑当前的操作系统是什么，如果是 Windows 10 操作系统，则打开 Win10 文件夹里的驱动程序进行安装；如果是 Windows 7 操作系统，则打开 Win7 文件夹，运行其中的"Setup.exe"进行安装。

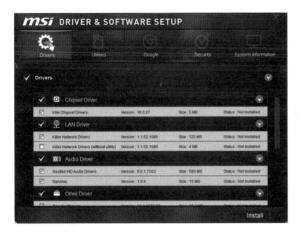

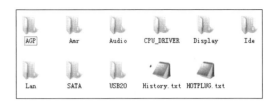

图 3-4-11　自动运行的驱动程序安装界面　　　　图 3-4-12　光盘中存放各种驱动程序的文件夹

四、驱动程序的更新

如何对某设备的驱动程序加以更新呢？这里以 Windows 10 操作系统中显卡驱动程序的更新为例。

（1）如图 3-4-13 所示，进入"设备管理器"界面，右击"显示适配器"下的设备名，在弹出的快捷菜单中选择"更新驱动程序软件"选项。

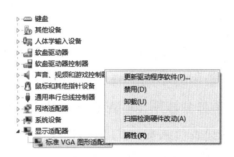

图 3-4-13　在"设备管理器"中更新驱动程序

（2）如图 3-4-14 所示，在对话框中选择"浏览计算机以查找驱动程序软件"选项。

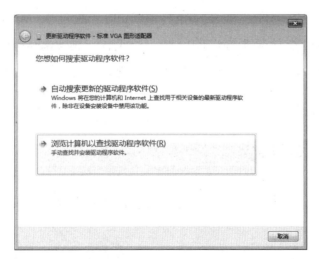

图 3-4-14　浏览计算机以查找驱动程序软件

（3）如图 3-4-15 所示，在对话框中指定驱动程序所在文件夹，或单击"浏览"按钮并在如图 3-4-16 所示对话框中按屏幕提示选择驱动程序所在的文件夹。指定完成后，单击如图 3-4-15 对话框中的"下一步"按钮即可。

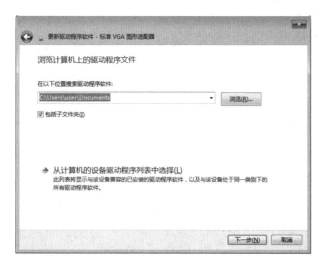

图 3-4-15　指定驱动程序所在的文件夹　　　　图 3-4-16　浏览选择文件夹

使用计算机时，特别需要关注驱动程序的版本。一个硬件设备的驱动程序，首先有针对不同操作系统所开发的版本，这是因为不同的操作系统有不同的接口对接驱动程序以驱动具体的硬件设备。如设备驱动程序总会注明 for Windows 7 32-bit、for Windows 10 32-bit、for Linux 等，不同的操作系统需要安装与其对应的驱动程序版本。

此外，即使是同一个操作系统的驱动程序，也会有正式版、认证版、测试版等多种版本之分。官方正式版驱动是指按照芯片厂商的设计研发出来的，经过反复测试、修正，最终通过官方渠道发布出来的正式版驱动程序。常说的 WHQL（Microsoft Windows Hardware Quality Lab）认证版就是微软对各硬件厂商驱动的一个认证，通过了 WHQL 认证的驱动程序与 Windows 操作系统基本上不存在兼容性的问题。所谓测试版驱动程序是指处于测试阶段，还没有正式发布的驱动程序，但也往往具备更好的性能或更丰富的可调节项。从计算机的使用角度看，用户应注重使用稳定可靠的驱动程序，所以优先使用正式版或认证版驱动程序。

1．某安装有 Windows XP 操作系统的计算机在安装完显卡驱动程序后，一进入系统就死机。

这种故障往往是因为在安装显卡驱动程序前没有安装主板的驱动程序，使得显卡驱动程序无法正常工作。建议在安全模式下将显示模式设置为 VGA 模式，并卸载显卡驱动程序，安装主板驱动程序后再加载显卡驱动程序。

2．某计算机总是在运行视频编辑软件时画面显示不正常。

出现某设备运行不正常时，往往是因为驱动程序的兼容性不佳，将该设备的驱动程序更新到最新版本则可能会解决此问题。上述问题极有可能是显卡驱动程序与视频编辑软件的兼容性不好，可考虑更新显卡驱动程序或搜索显卡的补丁程序。

 达标检测

1．计算机在缺少配套的硬件驱动程序光盘时，如果网卡因缺少驱动程序无法工作，那么该如何获取驱动程序？

_____

_____

2．某设备在网络中可以下载到 for Windows 7 32-bit、for Windows 10 32-bit 及 for Windows 7 64-bit 的驱动程序，用户需根据什么原则来进行选择？

_____

_____

3．写出下列单词出现在驱动程序光盘中时所代表的设备。

Mainboard：_____；LAN：_____；Display：_____；Audio：_____。

4．"快科技"是一个专门提供_____下载的网站。

5．根据经验判断，如图 3-4-17 所示的芯片有可能是（　　）。

图 3-4-17

A．集成声卡或网卡　　　　　B．集成显卡

C．CPU　　　　　　　　　　D．内存

6．如图 3-4-18 所示可能是（　　）设备的驱动程序光盘。

图 3-4-18

A．声卡   B．网卡   C．显卡   D．摄像头

任务 3.5 数据的备份、还原与复制

任务目标

- 知道磁盘数据备份、还原与复制的基本知识
- 了解 Windows 操作系统的自带工具对磁盘数据进行备份与还原的方法
- 掌握并使用 Ghost 软件进行磁盘数据的备份与还原

任务环境

能上网的演示用计算机。

课前预习

一、专业常识

1．当你使用的计算机系统崩溃时，你是怎么做的？

2．查阅资料，查找使用 Windows 10 操作系统的恢复和还原功能的方法。

二、我爱记单词

网络搜索 Ghost 软件的功能，并将软件中常见的英文单词翻译成中文，见表 3-5-1。

表 3-5-1　Ghost 软件中常见的英文单词

英　　文	中　　文	英　　文	中　　文
Local		Partition	
Disk		Image	
To		From	

 **知识准备**

计算机中存储的数据并不安全，在使用计算机的过程中，各种误操作、病毒感染、黑客入侵及各种软、硬件的故障都会对数据安全造成威胁，因此，对磁盘的数据备份与恢复很重要。利用计算机操作系统本身所带的备份程序或者第三方软件进行硬盘分区备份，当系统崩溃而无法进入操作系统时，就可以用备份的数据进行恢复。

1．注册表的备份与还原

微软公司将 Windows 操作系统的配置信息存储在注册表的数据库中，注册表是 Windows 操作系统管理所有的软、硬件的核心，包含用户的配置文件和系统相关的硬件、软件程序等属性的信息。通过备份与还原注册表，可以解决系统遭遇恶意程序的破坏而不稳定、浏览器被篡改或应用程序无法使用等问题。

2．利用 Windows 操作系统的"系统还原"组件实现磁盘数据的备份与还原

"系统还原"组件是 Windows 操作系统自带的工具，可以备份整个磁盘驱动器，利用其创建还原点，可以在计算机发生故障时恢复到以前的状态，而不会丢失个人数据文件。

3．利用 Ghost 软件实现磁盘数据备份与还原

Ghost 是一款出色的磁盘备份还原工具，可以实现 FAT16、FAT32、NTFS 等多种磁盘分区格式的分区和磁盘的备份与还原。它可以把一个磁盘上的全部内容复制到另外一个磁盘上，也可以把磁盘内容保存为一个磁盘的镜像文件，利用这个镜像文件创建一个原始磁盘的拷贝，最大限度地减少安装系统的时间。

 **内容与步骤**

一、使用注册表工具进行备份与还原

1．使用"注册表编辑器"进行注册表的备份

打开"开始"菜单中的"运行"选项，输入"regedit"并回车，打开"注册表编辑器"窗口，通过"文件"→"导出"选项，选择注册表备份文件的名称和保存路径，如图 3-5-1 所示，完成对注册表的备份。

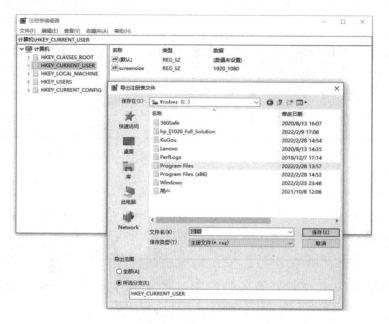

图 3-5-1　注册表的备份

2．注册表的恢复

打开"注册表编辑器"窗口，通过"文件"→"导入"选项，找到并选择曾经导出的注册表备份文件，如图 3-5-2 所示，单击"打开"按钮，完成注册表的恢复。恢复后出现要求重启计算机的对话框，重新启动计算机即可完成注册表的重新载入。

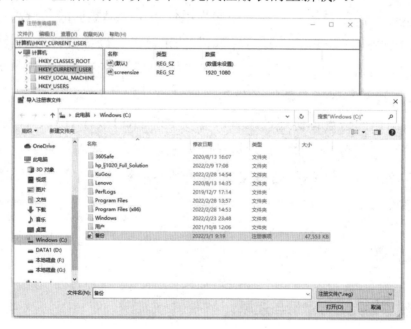

图 3-5-2　注册表的恢复

二、使用 Windows 10 操作系统的"系统还原"组件实现磁盘数据的备份与还原

1．一键出厂还原命令

单击"开始"菜单，选择"设置"选项，如图 3-5-3 所示，或者同时按下组合键"Win+I"，打开"Windows 设置"界面，然后单击"更新和安全"选项，如图 3-5-4 所示。

图 3-5-3 "设置"选项

图 3-5-4 "Windows 设置"界面

打开"更新和安全"界面后，选择左侧"恢复"选项，进入"恢复"界面，如图 3-5-5 所示。单击右侧"重置此电脑"下方的"开始"按钮，进入"初始化这台电脑"对话框，如图 3-5-6 所示。

图 3-5-5 "恢复"界面

图 3-5-6 "初始化这台电脑"对话框

（1）保留我的文件：删除电脑中已安装的应用软件和设置，但保留个人文件。

（2）删除所有内容：删除系统盘中所有的应用软件、设置和个人文件，相当于恢复出厂设置。

根据需求，选择需要恢复的选项，重新安装 Windows 操作系统，如图 3-5-7 所示。注意：在操作之前，要将重要资料备份好，以免丢失。

2．一键还原备份

在系统桌面右键单击"此电脑"图标，在弹出的快捷菜单中选择"属性"选项，如图 3-5-8 所示。选择右侧"相关设置"中的"系统保护"选项，如图 3-5-9 所示。

图 3-5-7　重新安装 Windows 操作系统

图 3-5-8　"属性"选项

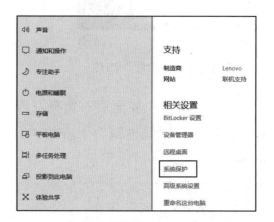

图 3-5-9　"系统保护"选项

在如图 3-5-10 所示"系统属性"对话框中，"创建"选项可以为启动系统保护的驱动器"创建还原点"，如图 3-5-11 所示。

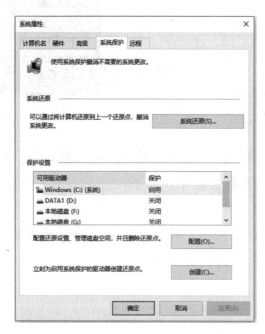

图 3-5-10　"系统属性"对话框

图 3-5-11　创建还原点

单击"配置"按钮，打开如图 3-5-12 所示的配置对话框，可以配置"还原设置"、管理"磁盘空间使用量"和"删除此驱动器的所有还原点"。

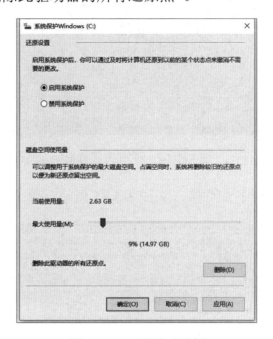

图 3-5-12　配置对话框

Windows 操作系统提供的"系统保护"功能实际上是对注册表的备份与恢复，因此，系统还原并不会导致操作者已保存文档的损坏或丢失。但是，系统还原可能会导致创建还原点之后安装的软件不能正常工作。若计算机感染病毒或木马，可通过"系统还原"与查杀病毒软件的配合使用来解决问题。

三、使用 Ghost 软件实现磁盘数据的备份与还原

1．系统的镜像备份

在系统安全与"干净"的状态下制作备份系统，以备万一系统崩溃时使用恢复功能。运行 Ghost 后，首先看到的是主菜单，了解其中各个选项的含义，开始准备制作备份。

（1）启动机器到命令行模式下，执行 Ghost.exe 文件，显示 Ghost 主界面，如图 3-5-13 所示，选择"Local"→"Partition"→"To Image"选项，屏幕显示出硬盘选择界面，选择源分区所在的硬盘"1"，如图 3-5-14 所示。

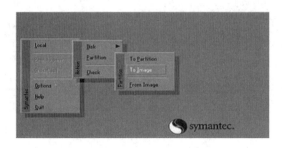

图 3-5-13　GHOST 主界面

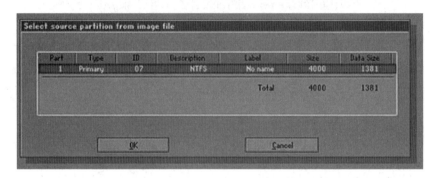

图 3-5-14　硬盘选择界面

（2）选择要制作镜像文件的源分区，如图 3-5-15 所示，单击"OK"按钮。

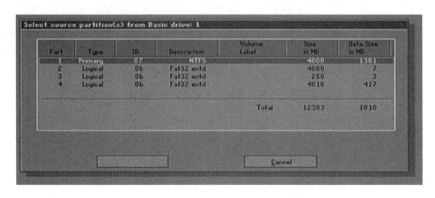

图 3-5-15　选择制作镜像文件的源分区

（3）选择镜像文件的保存位置，然后在"File name"文本框中输入镜像文件的名称，按回车键确认，如图 3-5-16 所示。注意：镜像文件的保存位置不能选择制作镜像文件的源分区，否则会造成严重后果。

图 3-5-16　保存镜像文件

（4）Ghost 会询问是否需要压缩镜像文件，如图 3-5-17 所示，"No"表示不做任何压缩；"Fast"表示进行小比例压缩但备份工作的执行速度较快；"High"表示采用较高的压缩比但备份速度相对较慢。一般选择"Fast"，以取得压缩速度和文件容量之间的平衡。

图 3-5-17　压缩镜像文件

（5）接下来 Ghost 就开始制作镜像文件，备份的速度与 CPU 主频和内存容量有很大关系。

2. 镜像文件的恢复

运行 Ghost，在主菜单中选择"Local"→"Partition"→"From Image"选项，选择相应的镜像文件，如图 3-5-18 所示。

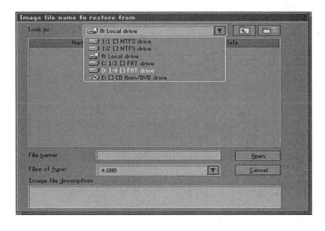

图 3-5-18　选择镜像文件

选择要恢复镜像的目标磁盘中的目标分区，如图3-5-19所示。注意：目标分区不能选错，否则后果不堪设想。最后，Ghost会再一次询问是否进行恢复操作，并且警告如果进行的话目标分区上的所有资料将会全部消失，单击"Yes"按钮后就开始恢复操作。恢复结束后，Ghost会建议重新启动系统，一个干净、完美的基本系统便做好了。

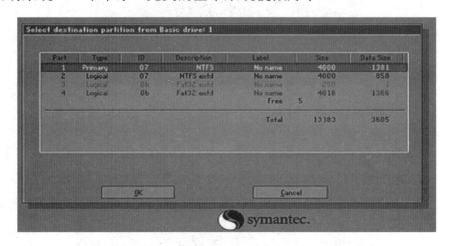

图3-5-19　选择目标磁盘中的目标分区

任何一种工具都不能百分百地保证在磁盘数据丢失后能恢复所有的数据，养成经常备份数据的习惯，对于保证数据安全非常必要。此外，还要学习利用查杀毒软件，及时对计算机文件进行病毒查杀和安全优化。

四、数据的备份、还原与复制的相关操作

（1）打开"注册表编辑器"窗口，完成注册表信息的备份与还原操作。

（2）打开"此电脑"，在C盘新建一个文件夹，命名为"2022"。对当前Windows的工作状态进行备份（还原点自行描述）。

删掉新建的"2022"文件夹，同时删除C盘内Windows文件夹中的一个文件，卸载安装在系统盘中的一个常用软件。然后对上一步备份的Windows工作状态进行恢复，重新启动计算机，观察计算机当前的工作状态。

（3）运行Ghost软件，将当前磁盘的C盘（系统盘）保存为一个镜像文件，命名为C.gho并存放在D盘中。记录操作的具体步骤。

（4）在互联网上以"Ghost软件使用"或"Ghost网络还原""一键恢复系统的制作"为关键字搜索信息，进一步学习Ghost软件的高级使用技巧。

 知识补充

一、Ghost软件在不同磁盘之间的应用（磁盘数据的复制）

有两个容量一致的磁盘，其中一个有可以正常运行的操作系统，另一个则为空白盘或有

问题的磁盘，无须花费大量时间在另一个磁盘上安装操作系统，使用 Ghost 在很短的时间内就可以完成这项工作。

（1）准备：将两个磁盘用数据线连接到计算机，通过工具进入计算机 Windows PE 模式。

（2）对拷：启动盘引导系统之后，在提示符状态下输入"Ghost"，按回车键，启动程序，然后选择"Local"→"Disk"→"To Disk"选项。

（3）选择源磁盘：按下回车键后，Ghost 会显示一个"Select local source drive by clicking on the drive number"（选择源磁盘）的窗口，如图 3-5-20 所示，列出了计算机上的磁盘数目，而且每块磁盘的容量大小也会显示出来，这样可以区分磁盘。本例要把 1 号磁盘（计算机上的第一块磁盘，IDE-0）的内容克隆到 2 号磁盘上（计算机上的第二块磁盘，IDE-1），用鼠标或者键盘的↑、↓方向键选中 1 号磁盘，单击"OK"按钮或按回车键确认。

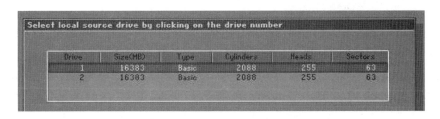

图 3-5-20　选择源磁盘

（4）选择目标磁盘：在出现的"Select local destination drive by clicking on the drive number"（选择目标磁盘）对话框中，用鼠标选中 2 号磁盘（目标磁盘），如图 3-5-21 所示，单击"OK"按钮或按回车键确认。

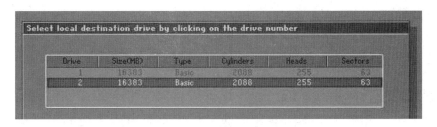

图 3-5-21　选择目标磁盘

（5）更改目标磁盘分区大小：新版 Ghost 还会弹出如图 3-5-22 所示的设置目标磁盘分区大小的对话框，可重新设置克隆后目标磁盘上分区的大小。若想更改，则单击"New Size"选项栏，输入新值即可。一般情况下不做修改，直接单击"OK"按钮继续。

Part	Type	ID	Description	Label	New Size	Old Size	Data Size
1	Primary	0b	Fat32		4102	4102	301
2	Logical	0b	Fat32 extd	DISKMAN130	4102	4102	187
3	Logical	0b	Fat32 extd	DISKMAN130	8173	8173	15
				Free	5	5	
				Total	16383	16383	505

图 3-5-22　设置目标磁盘分区大小

✅ **提示**：在 Ghost 软件中操作时，按下 Tab 键可在不同项目间进行切换。

（6）确认克隆：由于执行硬盘间的复制会删除掉目标磁盘上的所有数据，所以这时 Ghost 还会弹出如图 3-5-23 所示的确认对话框。

图 3-5-23　确认对话框

（7）单击"Yes"按钮后，Ghost 开始磁盘克隆操作。同时，屏幕上方会有蓝色进度条显示其进行的状态。完成操作后，根据提示重新启动计算机，然后断掉电源，拔下源磁盘。

💡 **警告**：执行磁盘间的拷贝时，确认好源磁盘和目标磁盘。如果资料比较重要，可先做好备份。

二、云盘备份

云盘是互联网存储工具，它是互联网云技术的产物，通过互联网为企业和个人提供信息的储存、读取、下载等服务。目前主流的云盘服务商包括阿里云、微云、百度网盘、天翼云、华为云、115 网盘等。

相对于传统的磁盘，云盘更方便，用户可以通过互联网，从云端读取自己所存储的信息，无须把储存重要资料的磁盘随身携带。

云盘具有安全稳定、海量存储的特点，提供拥有灵活性和按需功能的新一代存储服务，从而防止了成本失控，并能满足不断变化的业务重心及要求所形成的多样化需求。

1. 微云

微云是腾讯公司为用户打造的集合了文件同步、备份和分享功能的云存储应用，其 Logo 如图 3-5-24 所示。用户可以通过微云上传文件到云端，可多段查看和管理数据，便捷地向好友分享自己的文件，还支持向成员收集文件。微云存储界面如图 3-5-25 所示。

2. 百度网盘

百度网盘是百度推出的用于提供用户多平台数据共享的云存储服务，如图 3-5-26 所示，目前有 Web 版、Windows 客户端、Android 手机客户端、iPhone 版、iPad 版等。百度网盘依托于百度强大的云存储集群机制，发挥了百度强有力的云端存储优势，提供超大的网络存储空间。用户可以轻松地把自己的文件上传到网盘，并可以跨终端随时随地查看和分享。百度网盘存储界面如图 3-5-27 所示。

图 3-5-24　腾讯微云　　　　　　　　　　图 3-5-25　微云存储界面

图 3-5-26　百度网盘　　　　　　　　　　图 3-5-27　百度网盘存储界面

百度强大的云存储集群，提供了完善高效的服务，高效的云端存储速度，以及稳定可靠的数据安全。完善的文件访问控制机制，提供了必备的数据安全屏障。依托百度的大规模可靠存储，一份文件多份备份，可防范文件出现意外。同时，对传输的数据进行加密，可有效防止数据被窃取。

 **常见故障与注意事项**

1．Ghost 安装过程中断，出现提示"Output error file to the following location: A: ghosterr.txt"。

这种情况一般是由于读取或写入数据出错造成的，可能是光盘质量问题或光驱读盘能力不佳，或写入硬盘时出现错误。

2．Ghost 还原或安装系统的时候，中途提示"A: GHOSTERR.TXT"。

出现这种情况的解决方法是：装机时进入 Windows PE 后，先格式化 C 盘，然后再安装，或使用纯净版安装盘安装，避免使用 Ghost 版本安装。

3．装完操作系统后提示某驱动没有安装好。

如果是较新的显卡或声卡或者比较特殊的设备，可以下载相关驱动程序后手动安装，也可以打开光盘的自动播放程序，在正常联网的前提下选择"备份硬件驱动"来自动更新驱动。

 **达标检测**

1．利用 Ghost 软件制作的硬盘分区镜像文件的扩展名为（　　）。

    A．.exe   B．.gst   C．.gho   D．.bak

2．操作系统完全崩溃后，恢复系统最快捷的做法是（　　）。

    A．使用 Windows 自带的工具还原以前的备份

    B．重新安装系统

    C．使用 Ghost 软件还原以前备份的镜像

    D．查杀病毒

3．可以使用 Ghost 软件的（　　）菜单检查制作镜像的有效性。

    A．Partition   B．Options

    C．Check   D．Quit

任务 3.6　维护计算机软件

任务目标

- 知道常见的 Windows 操作系统自带维护工具的类型
- 了解测试、杀毒与优化软件的相关知识
- 利用软件对系统进行维护、优化、故障排除

任务环境

可上网的演示用计算机。

 **课前预习**

一、计算机日常维护小知识

1．谈一谈自己平时如何对计算机硬件进行维护？

2．计算机安装操作系统后，可以安装哪些软件用于提升计算机的使用性能？

3．计算机病毒有哪些危害性？

二、CMD 命令提示符

利用互联网查询"CMD 命令提示符"的相关概念。

 **知识准备**

一、系统维护工具的作用

完整的计算机系统是由硬件系统与软件系统组成的，一台正常使用的计算机都必须有着工作稳定的硬件与软件。使用计算机时，软件和硬件系统的工作状态并不是一成不变的，如磁盘、光驱不断的读写操作会产生损耗；安装与删除文件时会产生磁盘文件碎片；使用网络可能导致计算机中带有大量冗余数据，甚至是病毒与木马。因此，借助维护工具不断地对计算机软件和硬件进行维护是十分必要的，这些工具包括 Windows 操作系统自带的实用工具和相应的杀毒、测试和优化软件。

二、Windows 操作系统自带的部分实用工具一览（见表 3-6-1）

表 3-6-1　Windows 操作系统自带的部分实用工具

程 序 名 称	作 用
碎片整理和优化驱动器	清理磁盘中的文件碎片
磁盘清理	清除磁盘中的无用数据
远程桌面连接	系统自带的远程桌面连接工具，用来连接服务器远程桌面
MSConfig.exe	配置计算机的启动参数
Ipconfig.exe	检查计算机中的网络参数
REGEDIT.exe	Windows 的注册表编辑工具
Ping.exe	检查网络通信正常与否的工具
Cmd.exe	进入命令行提示符状态，可以运行大量的命令来维护计算机
Recovery Drive	恢复介质创建程序，用于修复或重新安装系统的启动盘
DxDiag.exe	简单的计算机检测工具，可以检查出部分计算机的故障隐患
IExpress.exe	创建自解压文件（制作压缩文件）
Math Input Panel	使用鼠标手写输入公式，自动转化为文本格式插入文档中

三、测试、杀毒与优化软件

由于计算机经常成为病毒、木马及黑客的攻击对象，因此利用软件对计算机进行测试、杀毒与优化，已经成为计算机应用中的重要问题。一台新计算机从完成操作系统的安装开始，用户即可通过软件测试，了解计算机的硬件版本信息及整体的性能。在计算机的使用过程中，光盘、U盘、移动硬盘等外部存储设备可能携带并传播病毒，上网浏览信息和下载程序时也难免会遇到病毒和木马程序的攻击。计算机病毒可以造成计算机操作系统的故障甚至崩溃，同计算机病毒伴随而生的各种间谍软件也使很多用户蒙受了重大经济损失，因此，利用相关软件对计算机进行杀毒与优化，做好安全防护工作，才能确保系统的安全与健康。

目前市场上的测试软件很多，如CPU-Z、Super PI、SiSoftware Sandra、HWiNFO32等。杀毒软件和优化软件也不胜枚举，如Norton、火绒安全软件、腾讯电脑管家、金山毒霸、瑞星、金山卫士、360安全卫士等。也有部分软件同时兼备了测试、杀毒与优化的功能。

内容与步骤

一、Windows操作系统自带维护工具的使用

1. "碎片整理和优化驱动器"与"磁盘清理"

在"碎片整理和优化驱动器"主界面中选择相应的盘符，单击"分析"按钮可以对指定磁盘分区的数据存储情况进行分析，单击"优化"按钮即可开始对所选择的驱动器进行优化，单击"更改设置"按钮可以根据需要进行优化，如图3-6-1所示。

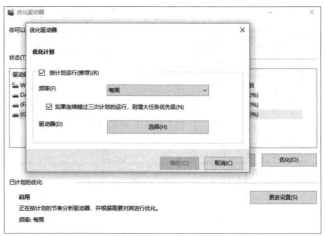

图3-6-1　"碎片整理和优化驱动器"界面和设置"优化计划"

在"磁盘清理"主界面中选择相应的盘符，可扫描并清理系统和软件产生的临时文件、旧的更新包、缓存等，释放磁盘空间，如图3-6-2所示。

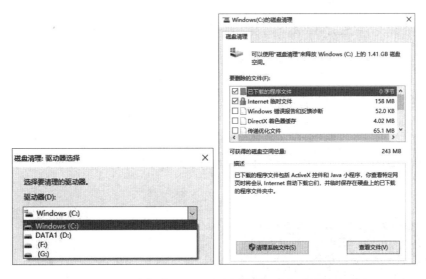

图 3-6-2　"磁盘清理"界面和设置"要删除的文件"

2．MSConfig 的使用

使用 Windows 操作系统提供的系统配置工具 MSConfig 可以按指定的参数来配置系统运行的环境。但因为运行 MSConfig 需要具备一定的专业知识，所以在安装 Windows 操作系统后，并没有提供一个桌面快捷方式来打开该系统配置工具。用户可以通过组合键"Win+R"打开"运行"对话框，输入"MSConfig"并回车打开"系统配置"对话框，如图 3-6-3 所示。该程序可以针对"常规""引导""服务""启动""工具"等项目进行配置。

通过 MSConfig 设置，使系统启动时不再自动加载程序（这里以禁止酷狗音乐自启动为例）的方法如下：

（1）切换到"启动"选项卡，进入如图 3-6-4 所示的系统启动项目配置界面。

（2）在启动项目中找到酷狗音乐，选择后单击右下角的"禁用"按钮。

（3）单击"确定"按钮，并根据提示重新启动计算机。

图 3-6-3　"系统配置"对话框

图 3-6-4　系统启动项目配置界面

💡 **提示**：利用 MSConfig 配置计算机启动环境，可以有效地屏蔽无用程序，提高系统的启动效率，对防治部分木马程序往往也有很好的效果。但是，当用户强行屏蔽某个必要程序的自动加载也会导致系统无法正常工作。因此，建议在用 MSConfig 配置系统时先进行系统还原点的创建工作，以便出现异常时进行系统还原。

二、火绒安全软件对计算机系统的测试、杀毒和优化

火绒安全软件可在"火绒安全"官方网站进行下载，也可在华军软件园、太平洋电脑网等大型网站下载，如图 3-6-5 所示。安装完成后的界面如图 3-6-6 所示。

图 3-6-5　火绒安全软件下载

图 3-6-6　火绒安全软件界面

（1）病毒查杀：可通过一键扫描查杀病毒，基于"通用脱壳""行为沙盒"的纯本地反病毒引擎，不受断网环境影响。火绒安全软件的误报率低，兼容性好，对查杀结果可控，能准确指出样本为病毒的依据，如图 3-6-7 所示。

图 3-6-7　病毒查杀

（2）防护中心：通过病毒防护、系统防护、网络防护中的 18 个重要防护功能，可以有效地预防病毒、木马、流氓软件和恶意网站的侵扰，如图 3-6-8 所示。

文件实时监控：程序运行前及时扫描，拦截病毒。

U 盘保护：第一时间对接入电脑的 U 盘进行扫描。

应用加固：对浏览器、办公软件、设计软件等程序进行保护。

软件安装拦截：实时监控并提示软件安装行为。

浏览器保护：保护常用的浏览器与搜索引擎不被篡改。

网络入侵拦截：阻止病毒、黑客通过系统漏洞侵入计算机，并解析出攻击源的 IP 地址。

暴破攻击防护：阻止黑客通过弱口令暴破侵入系统。

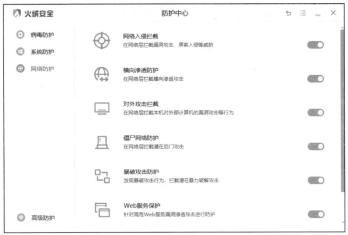

图 3-6-8　防护中心

（3）访问控制：自定义计算机的使用权限，可以控制计算机不被他人随意使用，如控制上网时长与时间段、限制访问指定网站、限制指定程序运行和管理 U 盘的接入等，如图 3-6-9 所示。

图 3-6-9　访问控制

（4）安全工具：提供实用的系统、网络管理小工具，如弹窗拦截、漏洞修复、管理开机启动项目、优化开机时间以及强制删除或彻底粉碎用户不需要的文件等，如图 3-6-10

所示。

图 3-6-10　安全工具

三、利用维护工具进行计算机系统维护

1．"磁盘清理"与"碎片整理和优化驱动器"是维护计算机最常见的操作方法，其作用是：

_____

_____

2．利用磁盘碎片整理程序，设置每周五 9:00 自行对计算机 D 盘进行碎片整理。

四、使用火绒安全软件进行计算机系统维护

1．启动计算机，下载并安装火绒安全软件，记录相关的步骤。

2．使用火绒安全软件对计算机进行全盘查杀。

3．使用火绒安全软件对计算机进行启动项管理，关闭非必要的启动项目软件。

4．利用互联网以"测试软件使用方法""杀毒软件""优化软件"为关键字搜索相关信息，了解并学习更多软件的名称及使用技巧并摘要记录。

知识补充

1．养成良好的计算机使用习惯

随着防病毒软件的功能不断提高，病毒制造者也在挖空心思让病毒变得更加狡猾，很多计算机病毒都对自己进行相应的伪装，或是利用系统本身的漏洞，或是和其他间谍木马软件捆绑传播，使得情况变得更加复杂。在计算机的使用过程中，如果用户自身没有养成良好的操作习惯，即使拥有再优秀的软件也一样会出问题，所以要注意以下几个方面。

（1）定期升级所安装的杀毒软件，给操作系统打补丁、升级杀毒引擎和病毒定义码。

（2）每周对计算机进行一次全面的杀毒、扫描工作，以便发现并清除隐藏在系统中的病毒。

（3）不随意下载软件，不轻易打开不认识的邮件，下载的程序或文件在运行或打开前要对其进行病毒扫描。及时清除病毒，遇到清除不了的病毒，及时提交给反病毒厂商。

（4）尽量备份。尤其是重要的数据和文件，在很多情况下，备份比安装防御产品更重要。

（5）不重复使用同一个密码，因为一旦被黑客猜测出来，所有个人资料都可能被泄露。同时，不要为了省事而不设密码，或者密码设置得过于简单，这样都是极其危险的。

2．用 Windows 操作系统自带的工具对计算机进行优化设置

如取消不需要的启动项、关闭不需要的服务及磁盘维护等，提高计算机的启动和运行速度。

（1）取消不需要的启动项

一些软件安装完成后会将自身加载到自启动项中，以后每次开机都启动它，从而影响开机速度。但是这些软件使用频率并不高，也不需要在开机启动时进行加载，因此可以将这些软件从启动项中去除。去除它们的操作方法是：选择"开始"→"运行"命令，在运行对话框中输入"regedit"，按回车键，打开"注册表编辑器"窗口，展开注册表中的 HKEY_CURRENT_USER\Software\Microsoft\Windows\CurrentVersion\Run 项，此时右侧列表中会显示开机时的自启动软件项，将相应项删除即可。也可参照图 3-6-4 进行相应设置。

（2）关闭不需要的服务

默认情况下，操作系统会加载很多服务，为了节省内存资源，有必要关闭一些不需要的服务。操作方法是：选择"开始"→"设置"→"控制面板"命令，打开"管理工具"窗口，双击打开"服务"窗口，其中包含了 Windows 操作系统提供的各种服务，选择相应项后单击鼠标右键，在弹出的快捷菜单中即可停止其服务。

（3）磁盘维护工具

通过磁盘维护工具可以最大限度地优化磁盘系统，Windows 操作系统自带的维护工具有磁盘清理程序、磁盘扫描程序、磁盘碎片整理程序等。

 常见故障与注意事项

1．计算机连接的音箱突然不出声，经检测音箱设备完好。

此故障可能是软件故障造成的计算机声卡驱动程序损坏或丢失，可通过 360 安全卫士中鲁大师程序的驱动管理，对声卡的驱动进行更新安装。

2．计算机启动后，进入系统的时间过长。

通常出现这种情况是由于开机启动的程序过多，可以通过减少计算机开机后的软件程序加载项进行优化设置。

达标检测

1．计算机使用一段时间后，可能出现有些文件打不开、假死机、机器启动不了或系统提示磁盘容量不足等现象，请分析原因：＿＿＿＿＿＿＿＿＿＿＿＿＿＿＿＿＿＿＿＿＿＿＿＿＿

＿＿＿＿＿＿＿＿＿＿＿＿＿＿＿＿＿＿＿＿＿＿＿＿＿＿＿＿＿＿＿＿＿＿＿＿＿＿。

建议对磁盘进行＿＿＿＿＿＿＿＿＿。

磁盘工作时，因经常写入或删除文件，会产生大量的磁盘碎片，既占用磁盘大量的空间又影响运行速度。碎片一般不会影响系统运行，但碎片过多会引起系统性能下降，显著降低硬盘的存储速度，严重的还会缩短磁盘寿命，因此建议对磁盘进行＿＿＿＿＿＿＿＿＿。

2．碎片整理程序可以对（　　）进行操作。（多选）

  A．软盘   B．磁盘

  C．光盘   D．U盘

3．利用（　　）来配置计算机启动环境，可以有效屏蔽无用程序，提高启动效率，对于防止部分木马程序入侵也往往有较好的效果。

  A．IPConfig   B．REGEDIT

  C．CMD   D．MSConfig

4．通常可以使用 Windows 操作系统自带的（　　）工具来进行当前计算机网卡、IP 地址等信息的查询。

  A．IPConfig   B．MSConfig

  C．TaskMan   D．REGEDIT

5．目前计算机安全已经成为计算机应用推广中的重要问题，病毒、木马、恶意软件、网络犯罪等危害时有发生，给用户带来巨大损失。结合自己的实际情况，列出至少 4 条你认为有利于计算机安全的软件安装习惯或使用习惯。

＿＿＿

＿＿＿

6. 从计算机系统安全优化的角度来说，下列做法中不合适的是（　　　）。

  A．取消系统默认共享

  B．设置 IE 分级审查口令

  C．禁用 Guest 用户登录

  D．默认光盘和 U 盘的自动运行

7. 下列关于杀毒软件的说法中正确的一项是（　　　）。

  A．安装杀毒软件后，计算机就安全了

  B．杀毒软件可以消灭所有病毒

  C．杀毒软件会影响系统速度，所以不要安装

  D．杀毒软件需要定期升级

任务 3.7　计算机整机安装与调试

任务目标

- 知道计算机整机安装与调试的基本流程
- 掌握计算机整机安装与调试的规范化操作
- 养成良好、规范的操作习惯

任务环境

螺丝刀、演示用计算机。

课前预习

一、硬件小常识

把以下硬件名称填入正确的位置：

硬盘　显卡　网卡　声卡　光驱　电源　CPU　主板　内存　机箱

（1）_____即中央处理器，其功能是执行算术和逻辑运算，进行数据处理。

（2）_____是计算机中各个部件工作的一个平台，它把计算机的各个部件紧密连接在一起，各个部件通过它进行数据传输。

（3）_____是指 CPU 可以直接读取数据的内部存储器，在计算机运行时存储数据，关机后存储的数据将丢失。

（4）_____用于用户存储数据，数据在开机或关机状态下都不会丢失。

（5）_____的作用是控制计算机的图形输出。

（6）_____的作用是控制计算机网络数据的输入和输出。

（7）_____的作用是控制计算机的音频输入和输出。

（8）_____是用来读取光盘中数据的设备。

（9）_____可将 220 V 的交流电转换为计算机各部件可以使用的低压直流电。

（10）_____用于固定主板、电源和各种驱动器，为配件提供可靠的运行环境。

二、装机小常识

（1）网络搜索计算机组装的视频，写下装机的顺序。

（2）装机前为何要做防静电工作？

知识准备

一、计算机整机安装与调试的步骤

对于计算机硬件组装与销售的公司，整机的组装都有严格的规范，一般来说，分为以下几个步骤。

（1）填写装机单，根据装机单领取配件并进行核对。

（2）查阅产品说明书，了解相关设置与注意事项。

（3）按照顺序进行部件安装与连接。

（4）对部件安装进行复查。

（5）开机检查（显示器是否点亮、键盘是否工作、是否有叫声、开机是否检测到设备）。

（6）清理物品，捆扎内部线缆。

（7）设置 CMOS 并安装操作系统。

（8）安装硬件驱动程序。

（9）安装相关的应用软件（常用办公软件，测试、优化、杀毒软件等）。

（10）对系统进行数据备份。

二、COMS 设置操作

（1）将第一启动设备调整为光驱。

（2）启用主板整合的声卡、网卡，启用主板 USB 接口。

（3）开启计算机的快速检测方式。

（4）查看硬盘的参数并记录。

内容与步骤

一、装机前准备

1. 填写装机单，并根据装机单领取配件，核对无误后签字确认。

将如图 3-7-1 所示的相关配件填入如表 3-7-1 所示的装机单。

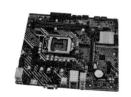

华硕PRIME H510M-K

Intel奔腾金牌G6405

九州风神THETA19

铭瑄MS-GT710

金士顿DDR4 2400

希捷ST1000DM003

罗技MK120键鼠套装

华硕DVD-E818A9T

航嘉GS500

图 3-7-1 领取装机配件

表 3-7-1 装机单

装机单				
物　品	型　　号	数　　量	备　注	签　字
主板				
CPU				
风扇				
内存				
显卡				
硬盘				
光驱				
键盘				
鼠标				
机箱				
电源				
显示器				

2. 查阅说明书，了解相关设置与注意事项并记录。

二、组装计算机

1．按顺序组装部件

（1）消除自身静电。

（2）将主板从绝缘袋中取出，放在绝缘板上。

（3）打开主板上 CPU 插座的 ZIF 开关。

（4）将 CPU 特征角对齐后，放入 CPU 插座，检查 CPU 是否安装到位。

（5）合上 ZIF 开关。

（6）在 CPU 表面涂上一层薄薄的硅脂。

（7）固定 CPU 风扇，连接 CPU 风扇电源插座。

（8）将内存插槽两侧保险栓打开。

（9）对齐内存金手指缺口，将内存条插下，直到听到"咔"的一声，确认内存条安装到位。

（10）将两根内存条插在同一颜色的插槽内。

（11）打开机箱侧板，对照主板固定螺钉位置在机箱底板上安装支撑铜柱。

（12）将机箱背部挡板安装到位。

（13）将主板平放入机箱，对准支撑铜柱位置并安装螺钉固定，检查主板是否固定到位。

（14）安装机箱电源（本机箱自带电源，因此略去此步骤）。

（15）将显卡插在 PCI-E 插槽上，检查显卡是否安装到位。

（16）将磁盘固定于三寸固定架上。

（17）拆下机箱前面板光驱位挡板，将光驱反向放入机箱内，并安装螺钉固定。

（18）插上主板电源线和补充电源线。

（19）安装磁盘和光驱的电源线。

（20）安装磁盘和光驱的数据线。

（21）对照说明书示意图连接机箱面板连线（POWER SW、POWER LED、RESET、HDD LED、SPEAKER）和前置 USB 连线。

（22）连接显示器、键盘、鼠标和网线。

2．对关键部件再次进行复查并记录结果（见表 3-7-2）

表 3-7-2　装机复查表

装机复查表			
物　品	是否固定到位	电源线是否插好	数据线是否插好
主板			—
CPU、风扇			—
内存条		—	—

续表

装机复查表			
物　品	是否固定到位	电源线是否插好	数据线是否插好
显卡		—	—
硬盘			
光驱			
机箱面板连线		—	—
前置 USB 连线		—	—
显示器			
键盘、鼠标		—	

3．开机检查并记录结果（见表 3-7-3）

表 3-7-3　开机设备检测表

开机设备检测表	
现　象	备　注
屏幕是否点亮	
CPU、风扇是否正常工作	
有无焦煳味	
电源、硬盘指示灯是否点亮	
键盘是否工作正常	
内存容量与 CPU 主频是否正确	
是否正常检测出硬盘、光驱信息	
开机是否听到一声短鸣	
RESET 键是否工作正常	

以上检查确认无误后，关闭主机及显示器电源，保存好随机附件与说明书、驱动盘、螺钉等，机箱内部线缆捆扎以整洁有序、不妨碍散热为原则，完成后上好机箱侧板，清理工作台面。

三、BIOS 设置

（1）根据屏幕提示进入 BIOS 设置程序。

（2）完成日期、时间、启动顺序、集成芯片、健康状态等基本项目设置。

四、安装 Windows 操作系统

（1）使用虚拟机（VMware Workstation 15.0.2）的虚拟光驱加载系统镜像安装文件，启动虚拟计算机。

（2）使用硬盘分区软件，将硬盘设置为指定容量的若干个分区和指定的文件系统。

（3）使用 Ghost 工具，利用系统镜像文件安装 Windows 7 或以上操作系统。

五、优化配置系统

（1）使用 Windows 操作系统提供的实用程序优化系统、设置启动项目。

（2）查看设备驱动程序信息。

（3）安装和配置主板、显卡、声卡、网卡、打印机及其他外部设备的驱动程序。

（4）能处理 Windows 系统故障、驱动程序故障。

（5）能处理 Edge 等浏览器、Office 等常用应用软件故障。

六、应用软件的安装

安装相关的应用软件（常用办公软件，测试、优化、杀毒软件等）。

七、配置和使用网络

（1）设置共享驱动器或文件夹。

（2）设置 Windows 操作系统的局域网连接：设置 IP 地址，DNS 服务器，使用"ping"命令检查网络是否连通，并将设置结果截图保存。

 知识补充

计算机的硬件安装并非是完全不变的过程，由于硬件设备发展迅速，配置各有不同，因此在安装与调试过程中切记不要完全凭经验办事，更不能想当然地去处理问题。而应该在组装开始之前仔细观察配件，浏览硬件说明书，否则可能多走很多弯路，甚至发生事故。

平时应加强对硬件知识的学习与练习，通过实践来增加工作经验，同时，谦虚的学习态度、良好的职业规范、细致的工作作风、负责的工作态度等均是我们在工作过程中需要保持与培养的。

在计算机组装与维护操作考核时，要按照科学规范的操作进行，同时也要考虑到部件的摆放位置，如图 3-4-2 所示是给出的"物品摆放示意图"。

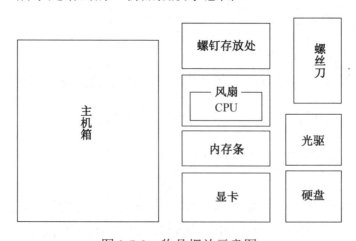

图 3-7-2　物品摆放示意图

 **达标检测**

1. 如图 3-7-3 所示是 CPU 插座图与 CPU 外形图，指出下列标号对应关系正确的一项是
（　　）。

    A．J1—C2 　　　　　　　B．J2—C4

    C．J3—C1 　　　　　　　D．J1—C1

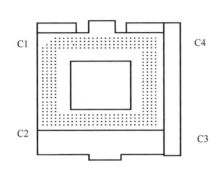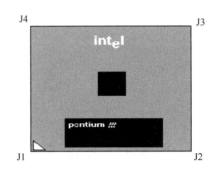

图 3-7-3　CPU 插座图与 CPU 外形图

2. 在 CPU 上涂硅胶的作用是（　　）。

    A．起到黏合的作用 　　　　　B．防止风扇和 CPU 摩擦

    C．让 CPU 与散热器接触良好 　　D．防止散热器上的油滴到 CPU 上

3. 一般可在主板上的 PCI-E 16X 插槽上安装的设备是（　　）。

    A．显卡 　　　　　　　　B．网卡

    C．声卡 　　　　　　　　D．硬盘

4. 对于计算机的组装过程，以下说法中正确的是（　　）。

    A．对 CPU 和内存等部件要轻拿轻放，不要碰撞，磁盘、光驱无所谓

    B．拧紧螺丝的时候要尽可能用力，这样才能固定好部件

    C．在安装各种设备连接线缆时，应注意观察接口形状与构造，同时注意操作的力度
      和角度

    D．组装过程中只要注意安全，即使通电操作也可以

5. 符合 PC99 规范的主板，键盘接口为＿＿＿＿色，鼠标接口为＿＿＿＿色。

6. 通常 CPU 插座采用 ZIF 设计，ZIF 是指＿＿＿＿＿＿＿＿＿＿＿＿＿＿＿＿。

7. 列举组装计算机需要的配件名称（不少于 10 件）。

_____

_____

_____

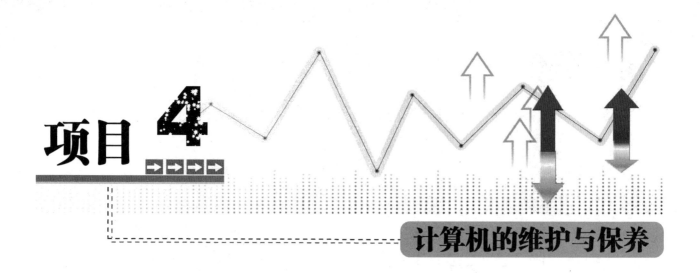

项目 **4**

计算机的维护与保养

一台完整的计算机系统由多个配件或外设组成。计算机作为较为精密的电子产品而言，在使用过程中，温度、湿度、灰尘、计算机病毒等都有可能对计算机的硬件或软件系统的工作带来一定的干扰或影响，这些因素需要我们在日常工作中加以考虑与处理，以保证计算机系统始终处于良好的工作状态。

任务 4.1 计算机产品使用的注意事项

📖 任务目标

- 了解计算机产品使用的环境要求
- 理解计算机产品使用的注意事项
- 掌握科学使用计算机的方法

🖥 任务环境

可上网的演示用计算机。

 课前预习

1. 上网查询计算机产品的保修政策有哪些？

2. 计算机产品使用的外部环境要求有哪些？

 **知识准备**

计算机产品在使用过程中，对外部环境和使用者的操作都有一定的要求。为了防止计算机发生不必要的故障维修，需要了解并掌握温度、湿度、静电、辐射等外部环境对计算机产品产生的影响。

一、温度和湿度

计算机理想的工作温度在 10℃～35℃，太高或太低都会影响配件的寿命，相对湿度为30%～80%，天气较为潮湿时，最好每天开机使用一会儿，1 h～2 h 即可。

保证计算机稳定运行，首先要解决计算机内部的散热。CPU 作为计算机的心脏，担负着繁重的数据处理计算工作。如果 CPU 散热不佳，会导致计算机死机或无故重启，严重时会直接烧毁计算机配件，造成数据损失。

CPU 正常温度在 35℃～65℃，散热风扇的转速多在每分钟 1500～4500 转。如果发现 CPU 温度过高或散热风扇转速过慢，应及时检查 CPU 散热是否正常。当发现机箱内部温度过高时，就需要更换相关散热设备以保障计算机稳定工作。通过鲁大师软件，可以实时监控计算机各配件的电压、温度、风扇转速等，如图 4-1-1 所示。

图 4-1-1　鲁大师软件界面

同样，对于主板、硬盘和显卡等部件，在较潮湿的环境中工作，轻则使绝缘电阻下降，引起工作的不稳定，重则使某些电子器件损坏，造成机器故障。对于长期不用的计算机，要打开机盖除尘除潮后，用大塑料袋封装起来避免灰尘和潮气侵入。

二、环境影响

首先是防尘。如果处在灰尘较多的环境中，计算机主板、显卡及硬盘等配件的电路板容易造成短路，灰尘会被吸附到印制电路板的表面及主轴电机的内部，导致某些对灰尘敏感的传感器不能正常工作。因此要保持环境卫生，减少空气中的含尘量。

其次是磁场。尽可能使显示器、磁盘等部件远离强磁场，如音箱、喇叭、电机、电台等，以免磁盘里所记录的数据因磁化而受到破坏。显示器屏幕遭磁化会引起"花屏"。

恶劣天气同样对计算机使用有影响，雷电交加时尽量避免使用计算机，因为雷电形成的电压可能会通过电源线，给计算机部件造成损伤，最好将电源线断开以防雷击。梅雨季节要保证计算机处于通风干燥的环境，在潮湿环境下很容易烧毁计算机电源等配件，因此应隔几天就开机运行 30 min～60 min，以去除机箱内的潮气。

三、操作方式

计算机开关机顺序：开机时，先打开打印机、扫描仪等外部设备的电源，再打开计算机主机的电源；关机时，先关掉主机的电源，再关闭各种外部设备的电源（让打印机、扫描仪等外设对计算机的影响减到最小）。不要频繁地开关机，每次开机至少间隔 10 s 以上。

当计算机工作时，请勿强制关机，以免损坏正在读取数据的驱动器。计算机工作时，尽量避免搬动机器，因为过大的振动会对磁盘等造成损害。在应用软件运行时请勿关机，如需关机，请先关闭所有的运行程序。在卸载文件时，不要删除共享文件，这些共享文件可能被系统或者其他程序使用，删除后会造成运行软件或启动系统时死机。

尽量少用测试版的软件，有些测试版的软件，由于本身的缺陷，使用后会导致系统的崩溃。不要使用盗版的游戏、程序软件，以免感染病毒，病毒轻则影响机器速度，重则破坏文件造成死机，严重的会影响主板、磁盘等主要配件。及时用防病毒软件查杀病毒。

妥善保存显卡、声卡、Modem、网卡、显示器等配件和打印机、数码相机、扫描仪等外部设备的驱动程序以备用。

静电可使计算机部件失灵，甚至可以击穿板卡元器件造成永久性损害，因此平时应注意保持环境湿度。人体接触部件时带上防静电手套或先与金属接触以释放身体所携带的静电。

LCD 长时间处于开机状态，如很多人在关机后经常忘记把显示器关闭，造成显示器开机时间过长，这样会使液晶面板中的晶体老化或烧坏。同时，LCD 如果连续长时间显示固定画面时，晶体可能会过热而造成损害，因此一般不要长时间开机，并设置屏幕保护程序。不要按压液晶屏幕，液晶面板正反面都有一块偏振片，受挤压力量较大时可能会形成永久斑点。

内容与步骤

一、环境影响

1. 计算机产品的使用环境

（1）计算机理想的工作温度为 10℃～35℃，相对湿度为 30%～80%。当使用环境较为潮湿时，可以采取的措施是＿＿＿＿＿＿＿＿＿＿＿＿＿＿＿＿＿。

对于因为梅雨季节后，开机无法点亮的现象，应该＿＿＿＿＿＿＿＿＿＿＿＿＿＿＿。

（2）灰尘对计算机产品的影响体现在什么方面？

（3）磁场容易对计算机的哪些部件造成损坏？请举例说明。

（4）雷电天气对计算机产品使用有怎样的影响？应采取何种措施？

二、计算机产品的操作方式

1．开机顺序

对于连接了打印机、扫描仪、音箱等外部设备的计算机，

正确的开机顺序是＿＿＿＿＿＿＿＿＿＿＿＿＿＿＿＿＿＿＿＿＿＿＿＿；

正确的关机顺序是＿＿＿＿＿＿＿＿＿＿＿＿＿＿＿＿＿＿＿＿＿＿＿＿。

关机之前，需要关闭所有的程序，程序未关闭，强行关机容易对＿＿＿＿＿＿造成伤害，影响其使用寿命。

正在运行的 U 盘（□能　□不能）直接拔下。

2．软件使用

要及时下载、更新杀毒软件和优化软件，不要使用盗版的游戏、程序软件，以免感染病毒。对于功能近似的软件，不要过多安装，避免浪费系统资源。应及时升级计算机硬件和外部设备的驱动程序。

（1）下载安装"鲁大师"软件，观察"硬件参数"选项中计算机的硬件信息并记录下来，如图 4-1-2 所示。

图 4-1-2　硬件参数

（2）进入"鲁大师"软件的"硬件防护"选项卡，开启"高温警报"模式，如图 4-1-3 所示。

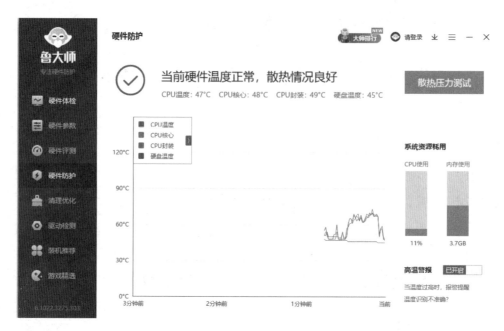

图 4-1-3　"高温警报"设置

笔记本电脑使用注意事项

笔记本电脑是一件精密的数码设备，为了使用的舒适度，在使用过程中要了解一些必要的注意事项，采取一定的保养措施。

（1）状态良好的笔记本电脑和使用环境、使用习惯有很大关系。良好的环境和习惯能够减少维护的复杂程度，恶劣的环境容易造成笔记本电脑的外壳、磁盘和屏幕损坏。

（2）给笔记本电脑创造尽可能好的散热环境，笔记本电脑的散热主要是靠笔记本内部的散热器和风扇。一般笔记本电脑都会在底部留有进风口，在安装风扇的地方留有出风口，这样就形成一个空气循环从而为其降温。在使用笔记本电脑时，不要让其他物品影响空气的进入和抽出，可以通过垫高或者增加散热底座的方式便于笔记本电脑散热。

（3）强烈的电磁干扰也会造成对笔记本电脑的损害。目前笔记本电脑的外壳大都有屏蔽涂层，但在电磁干扰特别强烈的地方，如强功率的发射站及发电厂机房等地方，笔记本电脑还是会频繁死机或停滞，同样笔记本电脑的屏幕也容易受强电磁的影响而产生磁化现象。

（4）在使用笔记本电脑的过程中，要防止任何液体进入其内部。目前家用的笔记本电脑很少有防水设计，泼到笔记本电脑上的液体会顺着键盘的空隙流入主板，造成主板短路以致损坏。需要注意的是，潮湿的环境也会对笔记本电脑有很大的损伤，当将低温环境下（如空调强劲的房间）的笔记本电脑移动到温暖的环境中时，机器内会产生一些凝结的水，这也有可能造成主板的短路。这时应先关机，静置半小时左右，让机器内的水蒸发，以免造成损坏。

（5）对笔记本电脑有较大损害的还包括灰尘和烟雾较重的环境。灰尘和烟雾中的颗粒会随着风扇带起的散热气流污染笔记本电脑的散热系统，造成散热能力下降，灰尘严重时会造成短路。放置笔记本电脑的桌面上的灰尘也可能会被散热风扇吸入笔记本电脑中，因此还要注意桌面的清洁。

 常见故障与注意事项

1．计算机开机使用一段时间后，自动关机，过几分钟后可以开机，然后过一段时间再次自动关机。

计算机的 CPU 风扇可能出现了故障，造成 CPU 散热不畅，导致计算机死机或无故重启。

2．某地区的夏季经常出现梅雨天气，经过一个暑假后，学校机房中的部分计算机出现了无法开机的现象。

因为梅雨季节的原因，造成环境潮湿，对于机房的计算机，经过一个暑假未用，显卡和内存条金手指容易出现氧化现象，造成无法开机，可以用橡皮擦擦拭金手指表面的氧化物，然后再开机。

 达标检测

1．下列说法中，不正确的是（　　　）。

    A．CPU 散热不佳，会导致计算机死机或无故重启

    B．在潮湿的环境中长期使用计算机，主板上的电子元器件容易造成绝缘电阻下降，硬盘和显卡受到的影响不大

    C．灰尘较多的环境，容易造成计算机主板上的电路板短路

    D．在梅雨季节里，要注意将计算机放于通风干燥的环境中

2．对机箱内部环境进行清洁之前要注意消除静电，采取的措施是＿＿。

3．显示器屏幕遭磁化容易引起"花屏"，磁盘不受磁场的影响，磁盘里面的数据不会因为受到磁化而破坏。（□正确□不正确）

4．计算机在工作时可以强制关机，不会损坏正在读取数据的驱动器。（□正确□不正确）

任务 4.2 打印机色带、墨盒与硒鼓的更换

任务目标

- 知道打印机工作的基本原理
- 了解打印机的内部结构
- 掌握打印机配件的更换方法

任务环境

可上网的演示用计算机。

课前预习

一、辨认打印耗材

根据下列产品的图片，标注出耗材产品的名称。

_____   _____   _____

二、上网查询并简要记录打印机成像原理

针式打印机：_____；

喷墨打印机：_____；

激光打印机：_____。

三、价格查查看

通过互联网查询"惠普 M154nw"彩色激光打印机的价格大约是_____。

知识准备

　　打印机是计算机系统的标准输出设备，也是家庭和工作单位常用的办公设备。打印机可分为针式打印机、喷墨打印机和激光打印机，其中针式打印机通过打印针撞击色带将颜色附着在纸张上；喷墨打印机是给墨盒中的墨水施压喷射到打印介质上形成文字或图像；激光打印机是通过光线照射带有电荷的硒鼓，并以此吸附碳粉成像。

　　可以看出，色带、墨盒和硒鼓是打印机成像的关键。按照打印文本或图像的复杂程度及元器件的不同，一般来说，激光打印机打印3000页到10 000页应更换硒鼓；喷墨打印机打印200页到500页墨水指示灯会开始闪烁提示更换墨盒；而针式打印机较为特殊，如果发现字迹明显变淡即应更换色带，否则容易打烂带基，从而造成打印针折断影响打印质量。

内容与步骤

一、针式打印机更换色带

（1）确保打印机电源已关闭并拔下电源插座。向后推动打印机盖至竖立位置，然后拉起并卸下，如图4-2-1所示。

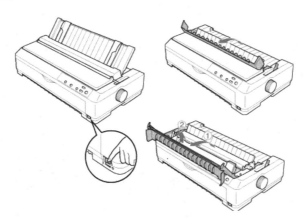

图4-2-1　卸下打印机盖

（2）抬起压纸部件两边的固定小片，然后将部件向上提起使之脱离打印机，用手将打印头滑动到打印机的中间位置，如图4-2-2所示。

图4-2-2　移动打印头

💡 **警告**：切勿在打印机接通电源时移动打印头，否则会损坏打印机。

（3）拿住色带导轨向外拉动直到它脱离打印头，拉出色带架，握住色带导轨的两边，并拉动它直到其脱离色带架，将新色带架按一定角度插入打印机，如图4-2-3所示。

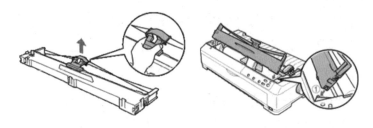

图4-2-3　更换色带

（4）压紧色带架两侧，使色带架安装到位，滑动色带导轨到打印头，听见"咔嗒"声表示安装到位，如图4-2-4所示。

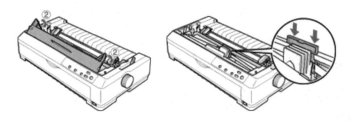

图4-2-4　将色带安装到位

（5）旋转色带架上的松紧旋钮帮助色带芯到位，重新安装压纸部件并按下部件两端的小片直到锁定到位，如图4-2-5所示。

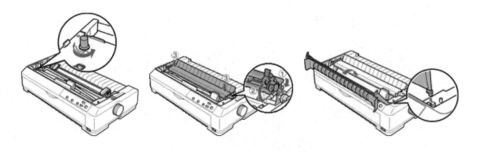

图4-2-5　安装压纸部件

（6）重新将打印机前盖下部的小片插入打印机的插槽中，放下打印机盖，色带架更换完毕。

二、喷墨打印机更换墨盒（以Epson Stylus Photo R1800为例）

如果墨水错误指示灯◌闪烁或常亮，则表示需要更换墨盒。

（1）确保打印机电源指示灯⏻常亮，但不闪烁。为了达到较好效果，打开墨盒包装前，先摇晃墨盒四五次，如图4-2-6所示。

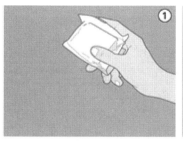 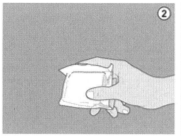 

图 4-2-6 安装前摇晃墨盒

（2）从包装中取出新墨盒，注意不要碰触墨盒侧面的绿色 IC 芯片，否则会损坏墨盒。

（3）打开打印机顶盖，按下墨水🌢按键，如图 4-2-7 所示。将打印头移至墨盒更换位置，此时电源指示灯⏻开始闪烁，不要一直按着墨水🌢按键超过 3 秒，否则打印机开始清洗打印头。

  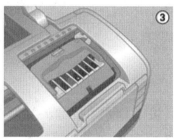

图 4-2-7 按下墨水按键

💡 **警告：** 不要用手移动打印头，否则可能会损坏打印机，应使用墨水🌢按键移动打印头。

（4）打开墨盒盖，捏住想更换的墨盒两侧，将它提起并从打印机中取出，然后将墨盒进行适当的处理，如图 4-2-8 所示。

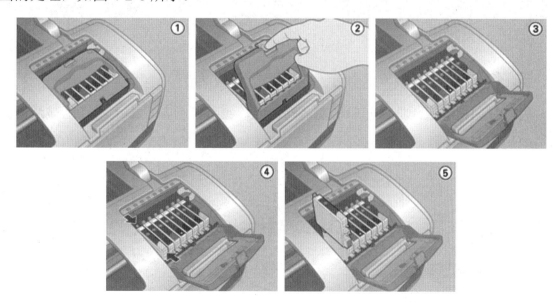

图 4-2-8 取下旧墨盒

（5）将新墨盒垂直地放入墨盒舱中，向下推动墨盒，直到它锁定到位。完成后关闭墨盒盖和打印机盖，如图 4-2-9 所示。

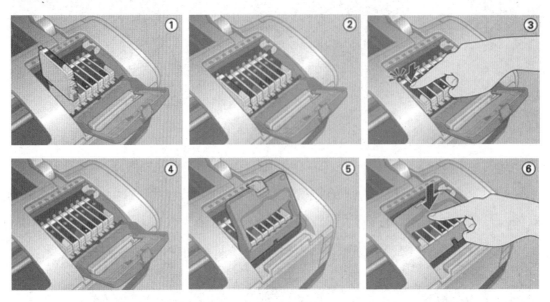

图 4-2-9　安装新墨盒

（6）按下墨水 ○ 按键，打印头移动，并且墨水传输系统开始充墨，如图 4-2-10 所示。完成充墨过程约需一分钟。完成后打印头返回到初始位置，并且电源指示灯 ○ 停止闪烁。

图 4-2-10　打印机充墨、复位

三、激光打印机更换硒鼓（以惠普 Tank 2506DW 为例）

（1）关闭打印机电源，按住打印机前盖两侧的栓锁打开前盖，向外拉动硒鼓两侧手柄，卸下旧硒鼓，如图 4-2-11 所示。

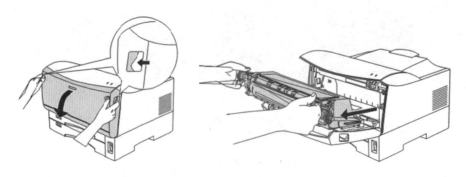

图 4-2-11　取出旧硒鼓

☀ **警告**：旧硒鼓应妥善处理，不得焚烧，可能会引起爆炸。

（2）握住新硒鼓两侧并左右前后晃动，使碳粉均匀分布，剥下右侧保护透明胶纸，如图 4-2-12 所示。

☀ **警告**：在操作过程中，不能触摸感光鼓部分，同时不应让硒鼓长时间处于阳光之下（约10 min），否则易引起部件的损坏或打印质量的下降。

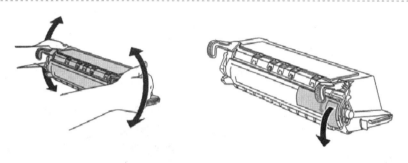

图 4-2-12　摇晃新硒鼓

（3）抽出透明保护封条，抓住硒鼓两侧手柄将硒鼓安装回打印机内，确保安装到位，如图 4-2-13 所示。

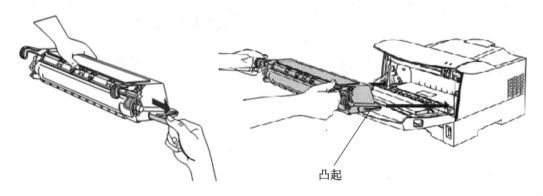

凸起

图 4-2-13　安装新硒鼓

（4）合上打印机前盖，硒鼓更换完毕，如图 4-2-14 所示。

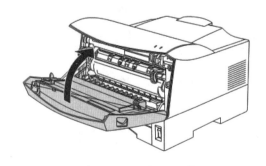

图 4-2-14　完成更换

四、打印机耗材常识

硒鼓是_____打印机的耗材。打印机要使用厂商推荐的与打印机相匹配的硒鼓型号，不同的型号除非二次填充利用，否则也无法使用。目前市场上打印页数为1500～2500张的硒鼓价位大约是_____。

打印发票报表、快递单多数选用_____打印机。

观察图4-2-15所示的打印机，其型号为HP 1007，判断该打印机的耗材是_____，价位大约是_____。若对该打印机的打印耗材进行更换，可上网查询可以购买的耗材品牌、价格。

从目前市场上墨盒的组成结构上来看，总体来说，可分为_____和_____。如图4-2-16所示的是惠普680原装墨盒套装。上网查询该款墨盒价位大约是_____，其打印量是黑色_____页，彩色_____页。

图4-2-15　HP 1007打印机

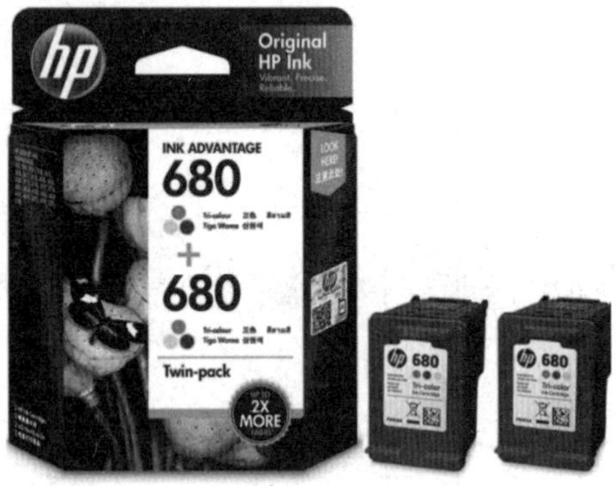

图4-2-16　惠普680原装墨盒

五、更换打印机配件

1. 更换色带（以爱普生LQ-690K色带盒更换视频为例）

通过网络搜索查找视频，并给出相应网址：_____。

观察并记录关键步骤。

2. 更换墨盒（以爱普生T50彩色喷墨打印机为例）

对于喷墨打印机，如果墨水错误指示灯 ◊ 闪烁或闪亮，则表示_____。

该系列打印机的墨盒种类是_____，墨盒的数量是_____。

（1）墨水的添加（搜索并给出视频网址：_____）。

（2）墨盒的安装（搜索并给出视频网址：_____）。

记录关键步骤。

3．更换激光打印机硒鼓（以惠普 108 W 激光打印机硒鼓更换为例）

通过网络搜索查找视频，并给出相应网址：＿＿＿＿＿＿＿＿＿＿＿＿＿＿＿。

观察并记录关键步骤。

作为激光打印机的耗材，原装耗材与非原装耗材的区别在于：＿＿＿＿＿＿＿＿＿。

发生碳粉漏粉现象的原因：＿＿＿＿＿＿＿＿＿＿＿＿＿＿＿＿＿＿＿＿＿。

知识补充

1．色带

色带是以尼龙丝为原料编织而成的带基经过油墨的浸泡、染色后制成的。好的色带，带基应该是耐久打，弹力大，长时间打印不起毛、不断线。除带基之外，油墨也是色带好坏的一个重要因素。好的油墨颗粒很小，不会造成针孔堵塞。

高档热升华打印机的耗材有时也称之为色带，但是工作原理和价格完全和针式打印机色带不同。

2．墨盒

墨盒主要指喷墨打印机（包括喷墨型多功能一体机）中用来存放墨水并最终完成打印的部件。目前市场上的墨盒可分为一体式墨盒、分体分色式墨盒和分体整合式墨盒，如图 4-2-17所示。

图 4-2-17　一体式墨盒、分体分色式墨盒和分体整合式墨盒

一体式墨盒就是将喷头集成在墨盒上，墨水用完后需整体更换。分体式墨盒是指将喷头和墨盒设计分开的产品，需要时只需更换墨盒即可。

3．硒鼓

硒鼓也称为感光鼓。它不仅决定了打印质量的好坏，而且也决定了激光打印机的价格档次。

硒鼓有一体式和分离式两种。一体式硒鼓把碳粉及感光鼓等装在同一装置上，当碳粉用尽时需整体更换；分离式硒鼓中碳粉和感光鼓各在不同的装置上，碳粉用尽时只需添加碳粉即可。

一体式硒鼓添加碳粉的具体操作如下。

（1）准备工作：准备好工具，包括碳粉、斜口钳、吹气球（皮老虎）、十字螺丝刀、一字螺丝刀，如图 4-2-18 所示。

（2）左手拿起硒鼓，右手用斜口钳把鼓芯有齿轮一头的定位销慢慢拔出，如图 4-2-19 所示。

图 4-2-18　工具

图 4-2-19　拔出定位销

（3）取出鼓芯定位销后，抓住鼓芯的塑料齿轮可以顺利地拔出鼓芯，如图 4-2-20 所示。

图 4-2-20　拔出鼓芯

（4）取出鼓芯以后，用一字螺丝刀轻轻向上挑出充电辊的一头，将它轻轻抽出。用一字螺丝刀向外顶出小铁销。

（5）用斜口钳把顶出来的小铁销轻轻拔出，用十字螺丝刀拧开硒鼓另一头的螺丝，拧下螺丝以后，就可以把显影仓和废粉仓分开，如图 4-2-21 所示。

图 4-2-21　分离显影仓和废粉仓

（6）用螺丝刀把硒鼓另一头的小铁销向外顶出，用斜口钳把顶出来的小铁销拔出来，如图 4-2-22 所示。

（7）用十字螺丝刀，把图中圆圈内的两颗螺钉拧下，取出废粉仓内的鼓芯刮板，如图 4-2-23 所示。

（8）用干净的软布对充电辊进行清洁，然后将充电辊和鼓芯重新安装好，如图 4-2-24 所示。

（9）回到显影仓部分，取出显影仓上的磁辊，用软布擦掉磁辊上碳粉，如图 4-2-25 所示。

图 4-2-22　拔出小铁销

图 4-2-23　取出鼓芯刮板

图 4-2-24　清洁充电辊

图 4-2-25　清洁磁辊

（10）开始加粉，用一张废纸叠成槽口形状，如图4-2-26所示，以便于对粉仓进行加粉。

✅ 提示：加粉的时候，瓶口左右来回移动，使碳粉均匀地加入粉仓。

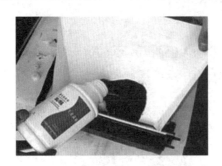

图4-2-26 加粉

（11）加完碳粉之后，安装磁辊合上齿轮盖，如图4-2-27所示，注意齿轮不要丢失或者反装。合上清洁过的废粉仓和加好碳粉后的显影仓。

图4-2-27 碳粉加完成后安装磁辊

（12）找出前面拔出来的两个小铁销，原位打入小铁销，保持与塑料口平齐即可，整个加粉过程结束。

激光打印机更换硒鼓应注意以下方面：硒鼓更换过程中禁止用普通纸张擦拭硒鼓表面；严禁用手触及感光鼓的表面，同时还要防止硬物碰撞；尽量不要让硒鼓直接暴露在阳光或强光源下，不要随便打开硒鼓上的挡光板，否则容易导致感光鼓报废；避免在高湿、高温、高寒环境下使用和保存，硒鼓内的碳粉一旦受潮会结块，影响打印效果，在把硒鼓从低温拿到高温的环境下工作时，最好先搁置一段时间（1 h以上）再使用。

 常见故障与注意事项

1．针式打印机打印出的字符深浅不均。

针式打印机的耗材是色带，色带失效后会造成字符深浅不均的现象，需要更换色带。

2．喷墨打印机使用一段时间后，打印出的表格不齐或缺字。

喷墨打印机的墨头一旦开始使用，要注意不能长时间搁置不用，否则容易发生墨头堵塞的情况，可使用打印机自带的清洗工具进行清洗。

3．阴雨天，激光打印机打出的字符颜色深浅不一或整体较淡。

阴雨天由于空气湿度较大，阻碍了碳粉在打印纸上的正常吸附，要注意控制使用环境的温度及湿度。

 **达标检测**

1．在各类打印机中，可以进行多页纸复制打印的打印机是（　　　）。
　　A．喷墨打印机　　　　　　　　B．激光打印机
　　C．针式打印机　　　　　　　　D．以上都不是

2．针式打印机的打印头在字车架上左右往返移动时，色带芯在色带盒中将（　　　）。
　　A．左右移动　　　　　　　　　B．上下移动
　　C．循环转动　　　　　　　　　D．静止不动

3．喷墨打印机中清洗机构的主要作用是（　　　）。
　　A．清洗打印纸　　　　　　　　B．清洗墨盒
　　C．清洗字车　　　　　　　　　D．清洗喷头

4．激光打印机、喷墨打印机、针式打印机均为（　　　）设备。
　　A．输入设备　　　　　　　　　B．输出设备
　　C．存储设备　　　　　　　　　D．以上都不是

5．目前，打印机接口中的并行接口基本被淘汰，现在市场上主要使用的接口是（　　　）。
　　A．串行接口　　　　　　　　　B．USB 接口
　　C．PS/2 接口　　　　　　　　D．1394 接口

任务 4.3　数据的抢救与恢复

任务目标

- 了解常见的用于数据恢复的软件类型
- 掌握数据恢复软件的操作方法
- 能使用软件对丢失的数据进行恢复

任务环境

可上网的演示用计算机。

 **课前预习**

一、数据丢失

用户在使用计算机时，什么样的操作容易造成数据丢失？

二、数据备份

对于常用的、重要的数据，采用什么样的方式进行数据备份？

 **知识准备**

使用计算机时，因为误操作造成重要文件的删除、系统崩溃、计算机中毒或突然的死机等一系列的软硬件故障发生，造成数据的丢失，可通过数据恢复软件挽回数据，从而减小因数据丢失造成的损失。

一、数据恢复软件的功能

逻辑层恢复：恢复因病毒感染或误操作所删除、格式化的数据。

物理层恢复：恢复由硬件物理损伤如磁盘盘片的坏道、电机故障等问题丢失的数据。

二、常见数据恢复软件的类型

用于数据恢复的软件非常之多，常见的有 WinHex、R-Studio、FinalData、Recover My Files、DiskGenius、Rcover My Photos 等。对于专业数据恢复公司和各大企业则配备更为专业的工具，国内处理物理故障造成数据丢失的专业级恢复工具主要是"效率源"公司生产的系列产品。

 **内容与步骤**

一、数据恢复软件

R-Studio 是一个功能强大、节省成本的反删除和数据恢复软件系列。它采用独特的数据恢复新技术，为恢复 FAT12/16/32、NTFS、NTFS5（由 Windows 2000/XP/2003/Vista/Windows 8/Windows 10 创建或更新）、Ext2fs/Ext3fs（OS X Linux 文件系统）以及 UFS1/UFS2（FreeBSD/OpenBSD/NetBSD 文件系统）分区的文件提供最为广泛的数据恢复解决方案。

　　WinHex 是一个专门用来对付各种日常紧急情况的实用工具，可用于计算机取证、数据恢复、低级数据处理等，还可用来检查和修复各种文件、恢复删除文件以及因磁盘损坏、数码相机卡损坏造成的数据丢失等。

二、数据恢复软件 R-Studio 的使用

　　1. 启动 R-Studio 软件并进入主界面，找到需要恢复的驱动器，如图 4-3-1 所示。

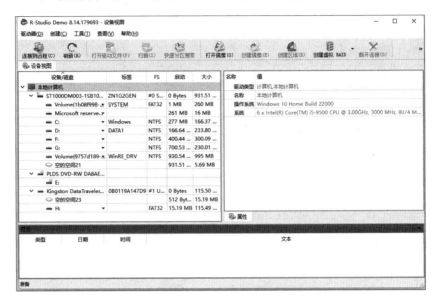

图 4-3-1　R-Studio 主界面

　　2. 选择相应驱动器，单击鼠标右键，在弹出的快捷菜单中选择"扫描"选项，如图 4-3-2 所示。

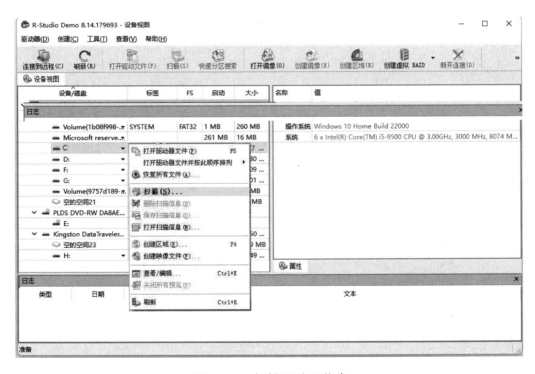

图 4-3-2　扫描驱动器信息

3．在打开的"扫描"对话框中单击"已知文件类型"按钮，查找需要恢复的文件类型，如图4-3-3所示。

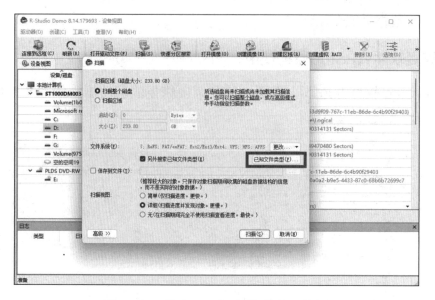

图4-3-3　单击"已知文件类型"按钮

4．例如，搜索"图形、图片"文件类型，如图4-3-4所示。

图4-3-4　搜索"图形、图片"文件类型

5．单击"确定"按钮后，开始进行磁盘扫描，如图4-3-5所示。

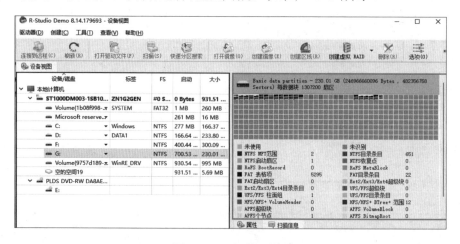

图4-3-5　扫描磁盘

6. 扫描完成后，打开"原始文件"选项，查找需要恢复的文件，如图 4-3-6 所示，也可以通过选择"Recognized 0"选项，查看部分之前文件的目录结构，根据目录结构查找需要恢复的文件，如图 4-3-7 所示。

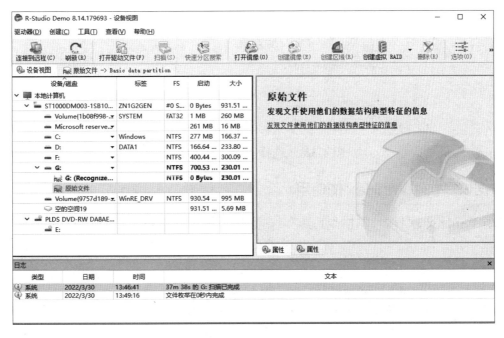

图 4-3-6　打开"原始文件"选项

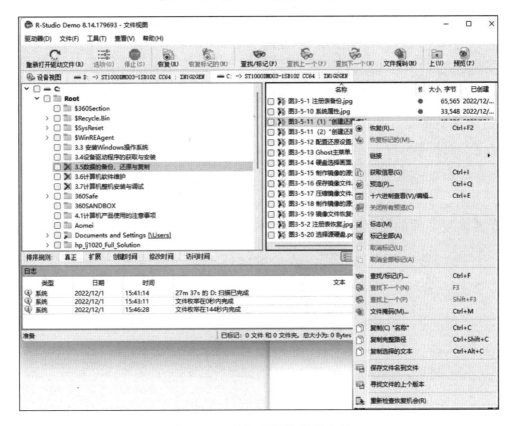

图 4-3-7　查找需要恢复的文件

7. 选择"输出文件夹"，将查找的文件恢复至输出文件夹，如图 4-3-8 所示。

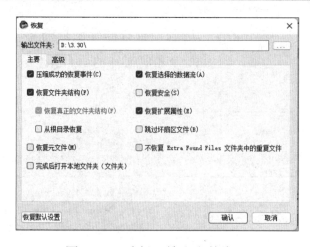

图 4-3-8　选择"输出文件夹"

三、数据恢复软件 WinHex 的使用

1. 启动 WinHex 软件，单击"工具"选项栏，在下拉菜单中选择"打开磁盘"选项，如图 4-3-9 所示。

图 4-3-9　选择"打开磁盘"选项

2. 选择要恢复文件的磁盘分区，如图 4-3-10 所示。

图 4-3-10　选择要恢复文件的磁盘分区

3．单击"工具"→"磁盘工具"选项，执行"通过文件类型恢复"命令，如图 4-3-11 所示。

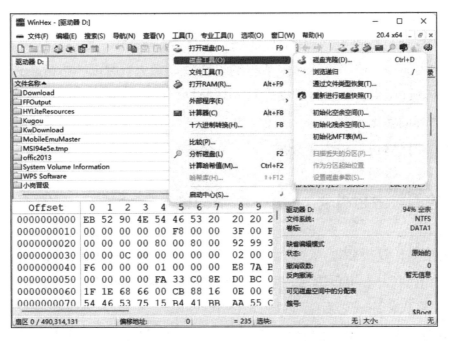

图 4-3-11　选择"通过文件类型恢复"命令

4．勾选要恢复的文件类型，在"输出目录"中选择查找文件所要存储的文件夹，单击"确定"按钮，WinHex 工具会自动完成查找并将查找出来的文件类型恢复到用户选择的文件夹里，如图 4-3-12 所示。

图 4-3-12　根据文件类型进行恢复

 **知识补充**

在数据恢复过程中应注意以下事项，防止过程中因误操作而造成二次破坏，从而增加恢

复的难度。

（1）不要再次格式化分区。用户第一次格式化分区后分区类型改变，造成数据丢失，第二次格式化很可能把本来可以恢复的一些大的文件破坏了，造成永久无法恢复。

（2）不要把数据直接恢复到源盘上。很多客户删除文件后，把用软件恢复出来的文件直接还原到原来的目录下，这样破坏原来数据的可能性非常大，所以严格禁止直接还原到源盘。

（3）数据恢复过程中，不要向源盘内写入新数据，任何写入盘的操作都有可能破坏数据。数据丢失后，严禁向需要恢复的分区内保存文件。最好是关闭下载工具，切断网络，关闭不必要的应用程序，然后再扫描恢复数据。

 常见故障与注意事项

1．U盘连接上计算机后提示"磁盘未被格式化，是否现在格式化"。

打开"我的电脑"，右键单击U盘，在弹出的快捷菜单中选择"格式化"并勾选"快速格式化"选项，格式化完成之后就可以正常使用了。

2．手机中插入内存卡无法正常识别其中的文件，将手机连接上计算机后提示含有木马。

说明内存卡中含有木马，导致原来的文件属性被修改为只读、隐藏，可以通过杀毒软件杀毒后恢复文件。

3．存放数据的磁盘经过两次格式化和改变分区类型后，造成之前的数据无法恢复。

多次格式化原来的分区类型属于比较严重的错误操作，很可能把本来可以恢复的一些大的文件给破坏了，造成永久无法恢复。

 **达标检测**

1．下列说法中，正确的是（　　　）。

    A．U盘的数据一旦删除就不能进行恢复

    B．对于丢失引导记录的磁盘是可以进行数据恢复的，但是分区表一旦丢失就不可恢复

    C．格式化以后的磁盘数据仍然可以恢复

    D．R-Studio是一款优秀的数据恢复软件，同时也具备杀毒功能

2．下列软件中，（　　　）不是数据恢复软件。

    A．WinHex   B．R-Studio

    C．DiskGenius   D．Photoshop

3．目前国内处理物理故障造成数据丢失的专业级恢复工具主要是_____公司生产的产品。

4．在数据恢复过程中，可以向源盘里面写入新的数据。（□正确　□不正确）

5．多次格式化分区会把本来有可能恢复的文件破坏，造成永远无法恢复。（□正确 □不正确）

任务 4.4　计算机的清洁与保养

📚 任务目标

- 了解计算机清洁与保养的一般方法
- 理解计算机清洁与保养的注意事项
- 培养良好的计算机清洁与保养意识

💻 任务环境

可上网的演示用计算机。

 课前预习

根据报道，计算机机箱内的病菌比公共厕所还要多 400 倍，定期清洁计算机可以有效地抑制细菌滋生，避免疾病的蔓延。同时灰尘作为计算机硬件的头号"杀手"，对计算机的使用寿命也存在严重的影响，据统计，日常计算机故障有 70%以上是由于灰尘引起的。

计算机因为灰尘引起的故障：

① 风扇声音过大。

② CPU 温度过高，引发蓝屏，或者开机不能正常进入 Windows 操作系统。

③ 显示器经常黑屏。

④ 经常死机。

⑤ 开机后不能正常启动，没有主板提示音。

⑥ 内存不能正常工作造成蓝屏。

⑦ 因为灰尘的导电性，长时间不清洁的机器可能存在短路的危险。

⑧ 光驱打不开。

⑨ USB 或各种接口失去作用。

⑩ 损坏主板电池，造成数据丢失。

 **知识准备**

计算机硬件在使用过程中，需要精心地保养和维护，外部的粉尘、油污和静电等污染不仅会造成其外壳的污染磨损，还会造成显示器、激光头和内部设备如集成电路板的老化，缩短其使用寿命，因此定期对计算机进行清洁是非常必要的。

一、准备好清洁用品

（1）螺丝刀（用于清洁过程中拆除板卡螺钉）。

（2）毛刷（用于清理大片积尘）。

（3）无水酒精和棉签（用于清理接头氧化层）。

（4）软布、镜头纸、专用清洗液（用于清洁键盘、鼠标及显示器表面）。

（5）吹气球和电吹风（用于清除一些角落积尘）。

二、清除自身静电

接触硬件设备之前应注意清除自身静电，否则容易损坏设备，可洗手、触摸金属物品、佩戴防静电手环或防静电手套。

三、注意事项

（1）尽量不要在使用计算机时吃东西、喝饮料。

（2）不要使用所谓的"光驱清洁盘"清洁光驱磁头，否则容易造成磁头的损坏。

（3）不要使用有机溶剂清理显示器或键盘表面，否则容易造成表面增透膜或字迹的损坏。

（4）使用纯净水或专用清洗液，有利于保护部件及防止病菌。

 内容与步骤

一、内部清洁

机箱内部容易累积灰尘的部件主要有电源盒、CPU风扇及板卡元件的表面。

1．电源盒的清洁

使用毛刷刷去外部积尘即可，不建议清理内部元件。

2．CPU风扇的清洁

将CPU风扇和散热片取下，用毛刷刷去附着在风扇扇叶上的灰尘，用吹气球（皮老虎）吹去散热片空隙内的积灰。

3．主板与其他适配卡清洁

使用毛刷刷去表面积尘，注意不要用力太大，以免损坏板卡表面元件，一些不易清洁的角落可以使用皮老虎或电吹风将灰尘吹尽，同时可使用棉签蘸取少量无水酒精清理板卡接口处的氧化层。

二、外部清洁

机箱外部清洁主要包括机箱外壁、键盘、鼠标与显示器等。

1. 机箱外壁的清洁

可使用毛刷清理表面积尘，使用软布蘸取纯净水或专用清洗液进一步擦拭。

2. 键盘的清洁

大部分键盘内部由导电橡胶层和电路板构成，建议不要拆开清洁，否则容易在安装时导致导电橡胶层与电路板接触不好，出现部分按键不灵现象。

首先关闭计算机的电源，将键盘拔下并翻转后，轻轻拍打，以使灰尘和碎屑落下。使用工具将键盘上键帽依次取下，如图 4-1-1 所示，使用软布蘸取纯净水或专用清洗液擦洗，如图 4-4-2 所示。

图 4-4-1　取下键帽

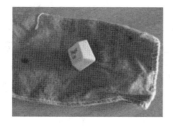

图 4-4-2　清洁键帽及键盘表面

💡 **警告：**

① 有些大按键（如：Shift 键、空格键、Enter 键等）会有一根金属条，这根金属条主要用于辅助固定较大按键，取下这些按键时应注意保护好金属条。

② 不要一次性取下多个键帽，除非你记得按键所在的位置。

③ 不要使用酒精擦洗键帽，否则容易腐蚀键帽上蚀刻的文字。

④ 键帽清洗完毕后应等待风干后再装回原位。

3. 鼠标的清洁

目前无论是家庭还是办公，基本上都是使用光电鼠标或激光鼠标，因为没有了老式机械鼠标滚球的机械部分，因此清洁时只需将鼠标表面污迹和鼠标垫脚擦干净即可，如图 4-4-3 所示。对于普通用户来说，使用时保持鼠标底部清洁，如有积灰，可用抹布擦拭干净，光眼、激光眼如有细微的灰尘只需用皮老虎清理即可。鼠标内部的精密器件容易被破坏，因此不是专业人士不建议拆开。对于光电、激光鼠标的滚轮部分，可以根据实际操作情况进行清洗。

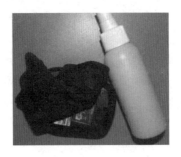

图 4-4-3　清洁鼠标

4．显示器的清洁

显示器的清洁用具建议使用棉质软布，可使用少量纯净水或专用清洗溶剂，但千万不能使用酒精等有机溶剂来擦拭屏幕，否则会对显示器屏幕表面涂层造成不可逆的损害。LED 显示器应按屏幕方向从左向右、从上向下轻轻擦拭，注意不要用力，防止损害内部晶体。此外还需注意不要让水或清洗液进入显示器内部。

💡 **警告**：显示器内部有高压，建议不要自行对内部进行清洁。

三、清洁与保养实际操作

1．对照表 4-1-1，对计算机内部进行清洁。

表 4-1-1　计算机内部的清洁

部 件 名 称	清 洁 方 法
主板	用毛刷将主板的灰尘清理掉，再用吹气球或电吹风吹尽灰尘
内存和适配卡	可先用刷子轻轻打扫各种适配卡和内存条外表的积尘，然后用吹气球吹干净；用橡皮擦擦拭内存卡的金手指侧面与背面，除掉下面的灰尘、油污与氧化层
CPU 散热风扇	取下风扇，用较大的毛刷轻拭风扇的叶片及边沿，然后用吹气球将灰尘吹干净，而后用刷子或湿布擦拭散热片上的积尘
电源	将电源背后的 4 颗螺丝拧下，把风扇从电源外壳上拆卸下来，用毛刷将其刷洗干净。如果电源还在保质期内，不建议拆下，用小笔刷将电源外表与风扇叶片上的灰尘清除干净即可
光驱	将回形针展开，插入光驱前面板上的应急弹出孔，稍稍用力将光驱托盘打开，用镜头纸将所及之处轻轻擦拭干净

2．对照表 4-1-2，对计算机外部进行清洁。

表 4-1-2　计算机外部的清洁

部 件 名 称	清 洁 方 法
显示器	（1）外壳变黑变黄，可以利用专门的清洁剂来恢复外壳的本来面目
	（2）用软毛刷清理散热孔缝隙灰尘。顺着缝隙的方向轻轻扫动，并用吹气球吹掉灰尘
	（3）显示屏带有保护涂层，清洁时可以用眼镜布或镜头纸顺着一个方向进行擦拭，及时更换擦拭布面，防止已经沾有污垢的布面划伤涂层

续表

部件名称	清洁方法
键盘	（1）将键盘倒置，拍击键盘，将键盘中的碎屑拍出
	（2）使用计算机专用清洗剂清除键盘上难以清除的污渍，用湿布擦洗并晾干
	（3）用棉签清洁键盘缝隙内的污垢
鼠标	（1）将鼠标底部的螺丝拧下来，打开鼠标
	（2）使用清洗剂清除鼠标滚动球和滚动轴上的污垢，然后将鼠标装好
	注：如果是光电鼠标，无须清理内部，只需将表面污迹和鼠标垫脚擦拭干净即可
机箱外壳	用干布将浮尘清除掉，然后用蘸了清洗剂的布将一些顽固污渍擦掉，然后用毛刷轻轻刷掉机箱后部各种接口表层的灰尘

知识补充

笔记本电脑的清洁保养

笔记本电脑是精密设备，定期清洁笔记本电脑，养成一种良好的习惯是十分必要的。笔记本电脑保持清洁，不仅可以延长其使用寿命，而且还能够提高其性能。如果笔记本组件没有定期进行清洁，系统出现故障的可能性就会大大增加。

清洁笔记本电脑时要先关机，及时取出光驱内的盘片，完全切断笔记本电源，拔下电源线、网线或电话线，取出电池，用无绒毛湿布轻轻擦拭。对于经常使用的部件要重点清洁。鼠标触摸板表面的污垢，用一块柔软微湿的棉布轻轻擦拭，然后再用干软布擦干。

清洁键盘时，可以利用真空吸尘器或者专用的键盘清理吸尘器，将键帽之间的灰尘吸净，然后再用软布擦拭键帽。对键盘的定期清洁可防止按键被粘住或卡住，让键盘敲击起来更加舒适方便。

目前主流笔记本电脑的外壳材料大都是碳纤合金，不仅可以提升弹性，而且还能增加强度，使其不易变形。而且在镁铝合金等传统材质上很难除去的油性较重的圆珠笔、油性水笔污迹，用纸巾或软布蘸上清水即可擦拭干净。

笔记本电脑的鼠标（触摸板或指点杆）也是清洁方面的重要一环。触摸板上存在的油渍和污垢会造成鼠标光标在屏幕上的跳动，要避免这一情况，可以用湿布定期对触摸板进行清洁，在使用触摸板之前，也要洗手。而指点杆也是同样的道理，使用前洗手，这样可以最大限度地避免指点杆变脏。如果已经略脏，则可以在洗手后略留点水在使用手指上，然后匀力地进行清洗。

对于笔记本电脑显示器的清洗可参照上述 LED 液晶显示器的清洗方法。养成对笔记本电脑及时清洁保养的好习惯，可以让笔记本电脑保持良好的工作状态，延长其使用寿命。

常见故障与注意事项

1. 键盘使用过程中部分按键失灵。

这种现象一般是因为在线路板或导电塑胶上有污垢，或者是因为饮料、水等液体流入键盘，使得两者之间无法正常接通，也有可能是因为键盘内线路板出现断点导致。因此在使用过程中要注意保持键盘的清洁和操作方式正确。

2. 笔记本电脑出现蓝屏、死机、速度慢等现象，机身整体发烫。

笔记本电脑的散热器设计大都是页片式的，这种设计可以让热量尽快地散出，但弊端也同样存在。时间一长，空气中的各种灰尘、纤维等逐渐积累堆积，造成通风口被堵死，从而引起机身整体发烫，出现蓝屏、死机、速度慢等现象，因此使用时要注意使用环境和及时除尘。

 达标检测

1. 按照本任务的清洁方法与步骤，课后对家用计算机进行清洁与保养并记录过程。

_____

_____

2. 下列做法正确的是（   ）。

    A. 用酒精等有机溶剂清理键盘键帽上的污迹

    B. 开机噪声较大时为 CPU 风扇添加润滑油

    C. 用指甲抠去 LCD 显示器上的污物

    D. 机器工作时用湿抹布擦拭 CRT 显示器

3. 造成计算机噪声较大的原因很多，下面说法不正确的是（   ）。

    A. 电源风扇缺乏润滑

    B. CPU 风扇或其他部件固定不牢

    C. CPU 风扇缺乏润滑

    D. 机箱面板线 SPEAKER 未连接

任务 4.5 简单网络的搭建

任务目标

- 了解一般网络的基本功能

- 能绘制简单网络的连接拓扑图
- 会合理选择交换机、路由器等设备按拓扑图互联

 **任务环境**

网线、交换机、可连接外网的无线路由器、演示用计算机。

 **课前预习**

一、想一想

根据日常生活与工作经历，请写出至少 3 个小型企业或家庭网络中经常用到的功能。

① ＿＿＿＿＿＿＿＿＿＿；② ＿＿＿＿＿＿＿＿＿＿；③ ＿＿＿＿＿＿＿＿＿＿。

二、画一画

尝试画一个网络拓扑图，包含 3 台计算机（用网线互连）、5 台手机（只能无线互连）在网络中互连，并且这些设备可以共享网络中的打印机，共享上网。

知识准备

一、按需确定网络设备设施

一般来说，简单网络是指在家庭或小微企业中连接简单、应用简单的网络。这类网络中最常用到的网络连接方式是以交换机为中央节点的星形结构，通过路由器接入互联网，如图 4-5-1 所示。由于常用的无线路由器会整合 4 口交换机及无线接入功能，所以当使用网线接入的终端数量不超过 4 台时，会直接使用带有 4 个内网接口的无线路由器来作为中央节点，以简化网络连接及设备数量。

对于简单网络，一般实现以下功能即可：

- 计算机、手机共享上网；
- 共享网络打印机；
- 方便再接入计算机或手机。

对于其他网络功能涉及更多的网络专业知识，则不在本书的讨论范围。

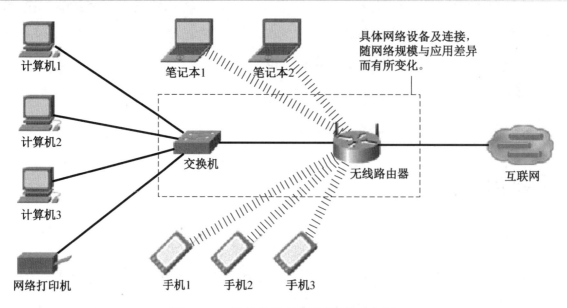

图 4-5-1　常见的简单网络连接示意图

上图是常见的简单网络连接示意，其中具体用到的网络设备与终端数量和网络应用规模紧密相连。当有线接入的终端设备数量较多时，可能需要更多接口的交换机甚至增加交换机数。当无线接入区域较大时，则需要增加无线控制器（AC）及无线访问接入点（AP）。当有线设备与无线设备较少时，也可以简化为一台无线路由器。本任务以如图 4-5-1 所示的连接方式进行讲解。

二、简单局域网内设备的 IP 地址配置规则

为了使局域网内的计算机等终端可以相互访问，各终端设备需配有符合使用规则的 IP 地址。鉴于 IP 地址的规则相对复杂，针对简单网络而言，这里只介绍在不超过 254 台网络终端互连的局域网内，不涉及子网划分、VLAN（虚拟局域网）配置的情况下，配置所需 IP 地址的规则。一般情况下，应满足以下 5 个要求。

1．任意两台网络终端的 IP 地址不能完全相同。

2．可用的 IP 地址编码：对少于 254 台网络终端的局域网来说，使用的 IP 地址应为局域网专用的"192.168.X.X"号段，其中 X 表示[0,255]中的某个数值，且 192.168.X.0 及 192.168.X.255 不可使用。

3．各网络终端可相互通信的条件：在同一台路由器下接入的局域网中，所有网络终端 IP 地址的网络地址应相同，即所有网络终端 IP 地址的前三段应完全一致。无论是采用有线方式还是无线方式接入的设备，都应满足此要求。

4．配置各网络终端的默认网关 IP 地址：若各网络终端有访问互联网的需求，则所有网络终端的默认网关应配置为路由器的内网接口 IP 地址。

5．配置 DNS 服务器地址：若各网络终端有访问互联网的需求，则所有网络终端的 DNS 服务器应配置为 ISP（互联网服务提供商）指定的 DNS 服务器地址，无法确定该地址时也可以配置为路由器的内网接口 IP 地址。

提示：由于为各计算机配置 IP 地址涉及一定的网络专业知识，为了简化配置难度，目前几乎所有家用级或企业级路由器都默认开启了内置的 DHCP 服务功能，该功能可以自动向局域网内各计算机、手机等终端配发符合规则的 IP 地址，在此条件下各网络终端只需将 IP 地址参数设置为"自动获得 IP 地址"即可。

🖱 内容与步骤

一、局域网内设备互连

1. 以如图 4-5-1 所示的网络连接为例，各有线设备接入网络是以交换机为中央节点，此时可按如图 4-5-2 所示通过交换机连接各计算机等终端设备，同时用交换机的一个网络接口连接路由器的内网接口。

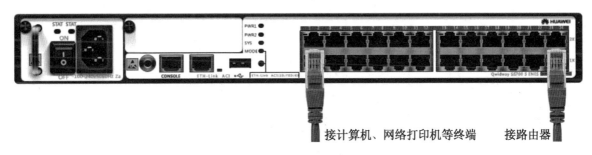

接计算机、网络打印机等终端　　　接路由器

图 4-5-2　通过交换机互连示意

2. 如图 4-5-3 所示，通过无线路由器连接内网与外网。对于光纤入户的应用场合，还需要将光信号与电信号做转换，这就需要使用 PON 终端，即俗称的"光猫"。连接 PON 终端的示意如图 4-5-4 所示。

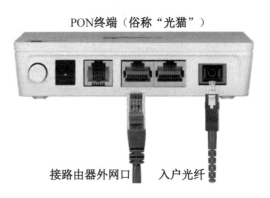

图 4-5-3　路由器与内网、外网的连接示意　　　图 4-5-4　连接 PON 终端的示意

二、配置 IP 地址

接入网络的计算机，必须配置有 IP 地址。具体配置如图 4-5-5 所示。

在有 DHCP 服务器（包括默认开启了 DHCP 服务的无线路由器）的场合中，网络中的计算机设备可以在如图 4-5-5 所示的界面中将 IP 地址配置为"自动获得 IP 地址"。如果网络中不存在 DHCP 服务端，或者不希望由 DHCP 服务端自动配置，则应手动配置 IP 地址，此时的 IP 地址应确保和其他网络终端的网络地址部分相同，如局域网专用的 192.168.X.X 号段，在同一个网络中的每台网络终端的 IP 地址前三段参数应完全一致。

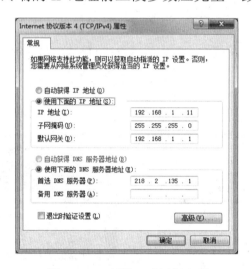

图 4-5-5　配置 IP 地址界面

对于自动从无线路由器取得 IP 地址参数的应用场合，则需要在路由器的 DHCP 服务配置界面指定地址池参数，以确定可用于各终端的 IP 地址区段，并开启 DHCP 服务功能，如图 4-5-6 所示。

图 4-5-6　路由器配置 DHCP 地址池参数界面

三、外网接入方式及相关配置

当局域网内部连接完成后，对于有接入互联网需求的场合，还要配置外网接入方式。此处以无线路由器中的配置为例，接入外网一般有 3 种方式：外网口设置固定 IP 地址，外网口自动获取 IP 地址，外网口进行 PPPOE 拨号接入。对于一般家庭与小型企业来说，多数使用外网口 PPPOE 拨号接入方式，因为这种方式是目前 ISP（互联网服务提供商）提供的最普遍的互联网接入方式。

在 PPPOE 拨号接入方式中，需要在如图 4-5-7 所示的路由器外网口拨号设置界面中，预置好 ISP 提供的账号与密码信息。

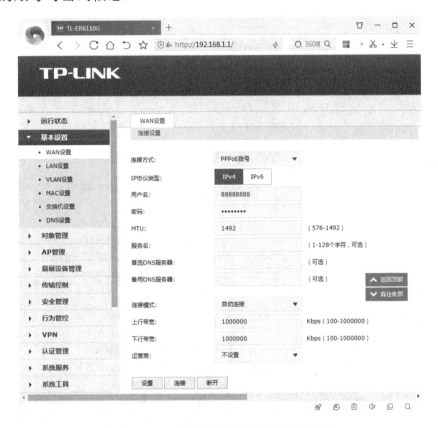

图 4-5-7　路由器外网口拨号设置界面

四、局域网的相关共享设置

1. 共享文件夹

共享文件夹可以让局域网中的其他终端设备在其界面上直接访问本机的文件资源，其设置方法如下：

如图 4-5-8 所示，右击待共享的文件夹图标，在弹出的快捷菜单中选择"属性"选项，打开属性面板，进入"共享"选项卡，单击"共享"按钮，指定好共享名及权限（默认仅为读取）即可。需要注意的是，其他设备访问该共享资源时，应通过本机的身份验证，即输入可以登录本机的用户名称及密码。

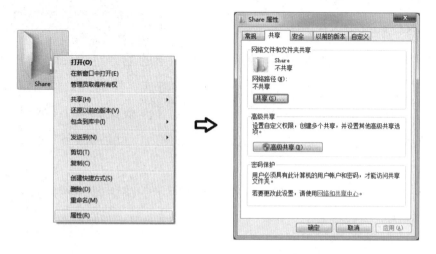

图 4-5-8　共享文件夹的设置

2．共享本机所接打印机

当打印机没有网络功能时，也可以通过连接打印机的计算机进行网络共享打印机，其设置方法如下：

如图 4-5-9 所示，在控制面板中找到打印机设备的图标后，右击待共享的打印机图标，在弹出的快捷菜单中选择"打印机属性"选项，打开属性面板，进入"共享"选项卡，指定好"共享名"即可。

图 4-5-9　共享本机所接打印机的设置

知识补充

一、IP 地址简介

IP 地址是一种 32 位二进制编码的计算机网络地址，如 00110011010001101011110011

000110。为了方便存储与描述，把 32 位长的二进制编码分为 4 段，每段 8 位，即 00110011. 10100011.01011100.11000110。

而配置 IP 地址时常用十进制数字来描述，即 IP 地址由 4 段构成，每段数字范围为 0～255，段与段之间用句点隔开，所以上述 IP 地址为 51.163.92.198。

IP 地址前若干位是网络地址部分，后若干位是主机地址部分。在网络中，两个网络端口如需直接通信，需要这两个网络端口 IP 地址的网络地址相同，且主机地址不同，即属于同一个网络中的不同网络端口。对于网络地址不同的两个网络端口需要通信，则需要加装路由器之类的数据转发装置，否则两个网络端口是不可以相互收发数据的。

一般情况下，可以根据 IP 地址第一段的数值判断其前几位编码是网络号，并因此将 IP 地址分为 A、B、C、D、E 几类地址。在 Internet 中，主要使用 A、B、C 三类地址，这三类地址的类别与差异见表 4-5-1。

表 4-5-1　A、B、C 三类 IP 地址的类别与差异

地 址 类 别	第一段数值	网络地址位数	每个网络中可用 IP 地址数
A	1～126	前 8 位（前 1 段）	$2^{24}-2=16777214$
B	128～191	前 16 位（前 2 段）	$2^{16}-2=65534$
C	192～223	前 24 位（前 3 段）	$2^8-2=254$

从表 4-5-1 中可见，各类网络的可用 IP 地址数量从多到少依次为 A 类、B 类、C 类。

有时根据需要，还需要扩展 IP 地址中的网络地址的位数，即划分子网。拓展 IP 地址默认的网络地址位数需要用到"子网掩码"，具体方法是将 IP 地址与其子网掩码用二进制逐位相与，得到的 32 位二进制编码即为划分子网后的网络地址。表 4-5-2 即是某 A 类地址通过子网掩码划分子网，划分后该 IP 地址所在网络的网络地址的计算示例。

表 4-5-2　用子网掩码求 IP 地址的网络地址

	二进制编码	十进制编码
IP 地址	00110011.10100011.01011100.11000110	51.163.92.198
子网掩码	11111111.11111111.00000000.00000000	255.255.0.0
网络地址	00110011.10100011.00000000.00000000	51.163.0.0

这个示例中，原 A 类地址的网络地址只是 IP 地址的前 8 位（第 1 段），但子网掩码将其网络地址扩展为前 16 位，网络地址多出了 8 位。这样划分子网之后，新的 16 位网络地址的网络规模更小，可提供的 IP 地址数量也减少了，可以说新的 16 位网络地址的网络仅是原 A 类网络的一个子网。

为了方便识别某 IP 地址中网络地址占前多少位，可以 X.X.X.X/n 的方法来描述某个 IP 地址。例如：192.168.1.130/26，表示某 IP 地址为 192.168.1.130，其 32 位地址中前 26 位为网络号。

此外，为了节省 Internet 中的 IP 地址资源，设定了专门为组织机构内部使用的私有地址，

即在局域网、企业网内部，一般使用以下地址范围。

A 类 10.0.0.0～10.255.255.255

B 类 172.16.0.0～172.31.255.255

C 类 192.168.0.0～192.168.255.255

使用私有地址的设备只有经过如路由器之类的数据转发装置方可访问互联网。

为了网络软件测试及本地机进程间通信，IP 地址规定了 127.X.X.X 为回送地址（一般习惯使用 127.0.0.1），回送地址是主机 IP 堆栈内部的 IP 地址，如果向回送地址发送数据，则协议软件立即返回，并不进行任何网络传输。

二、DHCP 服务

动态主机配置协议（Dynamic Host Configuration Protocol，DHCP）是一种为方便用户使用网络而专门设计的服务。其服务内容是让网络中的某台计算机自动地为各计算机配置 IP 地址参数，这样不仅避免了非专业用户去配置烦琐的 IP 地址与相关网络参数，还避免了网络中各计算机所配置的 IP 地址出现冲突。

在网络中提供 DHCP 服务的计算机需控制一段 IP 地址范围，也就是通常所说的地址池，客户机登录服务器时就可以自动获得服务器从地址池中取出分配的 IP 地址及指定的子网掩码，还包括客户机的网关 IP、DNS 服务器地址等参数。拥有 DHCP 服务后，客户机无须做任务设置，只使用默认的"自动获取"配置即可快速接入网络。

三、外网接入方式及相关配置

采用路由器接入外网时，一般有三种接入方式，这三种接入方式应根据实际网络环境来选择。

1. 固定 IP 地址

固定 IP 地址又称为静态 IP 地址，是指在路由器的外网口人为配置一个 IP 地址，并使用该地址与外网通信。对于采用专线上网的用户，或者是通过其他网络再接入互联网的场合，可以使用此种方式设定。此时配置的 IP 地址需要从提供专线的 ISP（互联网服务提供商）或上一级网络的管理员处取得。

2. 自动获取 IP 地址

自动获取 IP 地址又称为动态 IP 地址，实际上就是让外网口作为 DHCP 客户端，外网口在工作时会向所接网络申请 IP 地址等参数。一般用于多级路由器互联的场合中，此时下一级路由器的外网口需要设置为自动获取 IP 地址，由上一级路由器自动分配可用的 IP 地址。

3. PPPOE 拨号

PPPOE 是 Point-to-Point Protocol Over Ethernet 的简称，是将点对点协议（PPP）封装在以太网（Ethernet）框架中的一种网络隧道协议。由于协议中集成了 PPP 协议，所以可以实现其提供的身份验证、加密及压缩等功能。简单地说，通过 PPPOE 拨号，可以在接入互联网时提供用户名、密码等身份信息，从而使得 ISP 进行身份验证，确定是否准予接入互联网以及对该用户进行相关的计时、计算流量等计费事务。这种 PPPOE 拨号方式可以基于光纤入户、ADSL 接入等多种连接方式，是当前 ISP 采用的主流接入互联网的方式。

 常见故障与注意事项

1. 网络中各计算机无法找到新接入的网络打印机，其他网络功能正常。

由于使用自动获取 IP 地址（DHCP 服务）功能可能会导致每次开机获取的地址发生变动，所以为了方便网络中各计算机使用网络打印机，很多网络打印机都在初始配置时静态配置了固定的 IP 地址以保证其地址不发生变动，所以有以下可能会影响网络打印功能：

（1）网络中某设备设置了与该打印机相同的 IP 地址，导致两设备的 IP 地址冲突，进而影响了网络打印功能。

（2）网络打印机配置的 IP 地址与本网络中的其他各终端的网络地址不同。

因网络中其他功能正常，所以可排除网络设备故障及网络连接错误的可能。经排查，网络打印机内配置的 IP 地址与本网络地址参数不符，重新设置后故障解决。

2. 某台计算机无法接入互联网，但可访问局域网中的其他计算机及网络打印机。

相对于访问局域网来说，访问互联网还需要使用到网关及 DNS 服务，这些服务一般都通过路由器实现，但如果其他计算机可正常工作，则可确定路由器无故障，问题可能有以下两种情况：

（1）故障计算机的网关及 DNS 服务器地址配置错误。

（2）路由器将该计算机的 IP 地址（有些路由器使用 MAC 地址）列为上网黑名单，禁止该机访问互联网。

经查，路由器设置有上网黑名单，且错误设置了该计算机的地址，因此在黑名单中去除该主机并正确配置地址后，故障排除。

 达标检测

如图 4-5-10 所示为某小型局域网接入互联网的连接拓扑示意：

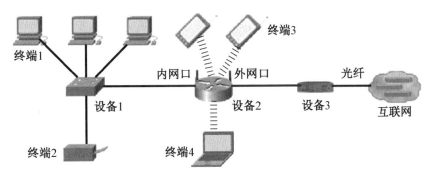

图 4-5-10　某小型局域网接入互联网的连接拓扑示意

1. 请指出其中各设备的名称及其功能。

2. 若设备 2 的内网口 IP 地址为 192.168.1.1，外网口取得的 IP 地址为 222.190.101.223，此时若为内网中的计算机设置静态 IP 地址，则下列哪个设置是可用的（　　　）。

A．IP 地址：192.168.1.100　　　　B．IP 地址：192.168.1.255
　　子网掩码：255.255.255.0　　　　　子网掩码：255.255.255.0
　　默认网关：222.190.101.223　　　　默认网关：192.168.1.1
　　DNS 服务器：222.190.101.223　　　DNS 服务器：192.168.1.1

C．IP 地址：222.190.101.222　　　　D．IP 地址：192.168.1.100
　　子网掩码：255.255.255.0　　　　　子网掩码：255.255.255.0
　　默认网关：222.190.101.223　　　　默认网关：192.168.1.1
　　DNS 服务器：222.190.101.223　　　DNS 服务器：192.168.1.1

3. 如果在该网络中增加计算机设备数量，则原有中央节点设备的接口数量不足，该如何解决？

4. 若路由器的 DHCP 功能开启，且地址池为 192.168.1.100～192.168.1.199，此时将网络中的打印机 IP 地址设置为 192.168.0.10，是否可以被网络中的其他终端所用？如果不能，该如何更改设置？

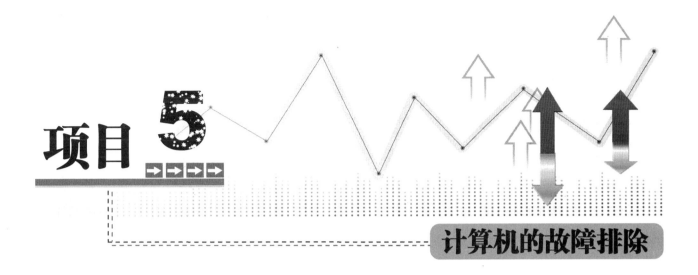

项目 5

计算机的故障排除

任务 5.1　计算机故障的分类

任务目标

- 能根据计算机的故障现象对其进行故障分类
- 了解各类计算机故障的排查方法

任务环境

螺丝刀、可上网的演示用计算机。

 课前预习

一、专业常识

请写出计算机系统所包含的部分。

二、我来谈一谈

生活中遇到过什么样的计算机故障？是怎么解决的？

 知识准备

一、完整的计算机系统

计算机的运行需要软件与硬件的配合。因此，无论计算机的硬件还是软件存在问题，都会导致计算机工作异常。作为一套完整的计算机系统，其包含了硬件系统与软件系统，且软/硬件的关系如图 5-1-1 所示，图中下层是上层的工作基础，下层出现故障就会导致上层工作异常。

图 5-1-1　完整的计算机系统

二、计算机故障的分类

根据故障特性，一般可以将计算机故障分为三类，如图 5-1-2 所示。其中，操作系统（含）以上部分故障视为软件故障；操作系统（不含）下部分工作异常则为硬件故障；当软件与硬件匹配不良时，则为软硬件匹配不良故障。

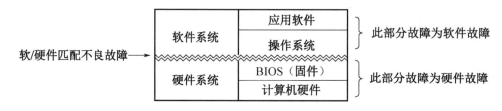

图 5-1-2　计算机故障分类

此外，网络设备故障也能造成计算机的网络功能异常，但由于本书重点讨论计算机的故障，因此对该部分内容，本书仅讨论与本机配置有关的部分。

 内容与步骤

如果计算机出现工作异常，应首先判断是硬件故障还是软件故障。正如前文所述，计算机故障可分为软件故障、硬件故障、软/硬件匹配不良故障三类。这三类故障的一般特征是有所区别的。

一、软件故障

1. 计算机软件故障的主要特征

计算机故障具有以下某种特征时，一般可判断为软件故障。

① 计算机在安装、卸载某软件或打开某网页后，运行不流畅。

② 计算机中某程序不能正常工作，但其他功能相似的程序却完全正常，如浏览器不能联网，但 QQ 却工作正常。

③ 计算机中个别软件不能正常工作，但其他软件均无异常。

④ 无法打开某类文档。

⑤ 常常提示内存容量不足。

⑥ 启动 Windows 操作系统或某程序时提示缺少文件。

2. 软件故障的排查

当计算机存在软件故障时，一般是针对出现故障的软件进行排查，如果某类功能相似的软件存在同样故障，则需检查操作系统配置。其解决方法一般有以下几种。

① 通过软件中的选项配置页面调整相关软件的工作选项。

② 升级软件。

③ 卸载软件后重新安装。

④ 在 Windows 组策略、注册表中调整软件工作参数。

⑤ 与网络有关的软件功能异常可以尝试关闭防火墙解决。

二、硬件故障

1. 计算机硬件故障的主要特征

计算机故障具有以下某种特征时，一般可判断为硬件故障。

① 故障现象在尚未进入操作系统之前就出现，如开机无法点亮，自检不能通过等。

② 不能通过软件进行调节的项目出现了异常，如显示器缺色，键盘指示灯全亮且无法关闭等。

③ 机器运转时，出现声光异常，如风扇转动噪声大，各指示灯异常闪烁，开机自检有异常鸣叫声等。

④ 计算机运转时，出现焦臭味后，工作异常。

某些硬件故障的现象有时也可能是软件问题。例如，某个设备故障在调用其工作时报错，此类故障可以结合其他伴随现象共同分析。

2. 硬件故障的排查

当计算机存在硬件故障时，一般是针对故障特征进行故障点排查，与系统中的软件无关。其解决方法一般有以下几种。

① 最小系统法：仅用计算机最少的硬件组合使计算机工作起来，减少无关硬件的干扰，

缩小排查范围，从而快速排查故障点。

② 加电自检法：利用计算机加电后的自检程序，通过自检程序表现出的声音特点、出错提示等信息，快速排查故障点。

③ 硬件替代法：将疑似故障部件换装至其他正常工作的计算机上，或用正常的部件换下疑似故障部件，观察故障是否存在，从而准确排查故障点。

④ 混合检查法：在排查故障中，将上述三种方法相结合，综合判断，从而快速准确地定位故障点。

三、软硬件匹配不良故障

（1）计算机软硬件匹配不良故障的主要特征

计算机故障具有以下某种特征时，一般可判断为软硬件匹配不良造成的故障。

① 具有硬件故障的特征，但疑似故障设备换装到其他计算机上又不存在故障。

② 自检不正常，但对 CMOS RAM 掉电后，自检又能通过。

③ 在 Windows 操作系统中，某设备的驱动程序工作异常。

④ 运行 Windows 操作系统的计算机在"安全模式"下运转正常，但在"正常启动"时工作异常。

（2）软硬件匹配不良故障的排查

对于此类故障，一般可通过以下几种方法来排查和解决。

① 调整软件运行参数。

② 更改、清除 BIOS 设置参数。

③ 更新设备的驱动程序。

④ 更换软件。

四、网络功能故障

（1）网络故障的主要特征

计算机故障具有以下某种特征时，一般可判断为本机网络功能出现故障。

① 本机除网络功能外，其他功能正常。

② 本机访问网络中某设备时总是失败，但其他设备均可正常访问该设备。

③ 本机使用某网络应用时异常，但其他网络应用正常。

（2）网络故障的排查

对于此类故障，一般可通过以下几种方法来排查和解决。

① 检查本机连接情况，无论是有线网卡还是无线网卡，连接异常的时候，Windows 操作系统任务栏的通知区域网卡图标会出现"×"或"！"等标注。

② 检查本机 IP 地址，无论是自动获取还是人为设定，都应该有正确的 IP 地址、子网掩码、默认网关与 DNS 服务器地址。

③ 检查防火墙，有些时候网络异常是防火墙配置不当，拦截了网络应用的数据通信。

④ 检查网络设备，当网络中所有终端均有同样故障时，应检查所有终端共用的网络设备。

⑤ 对于无线网络设备而言，如果网络功能异常，还应检查无线信号强度。

知识补充

一、Windows 操作系统常见故障及应对方法

（1）Windows 操作系统使用一段时间后，有时运行会很不流畅，甚至会出现不响应的情况，很多时候这只是系统的假死状态，和真正的死机不同，实际原因很可能是某进程占用 CPU 资源过多，或是 RAM 使用量过大，可以通过按组合键"Ctrl｜Alt｜Delete"启动任务管理器，然后在进程中结束占用资源过高的进程。

（2）计算机启动时间过长

启动计算机时，Windows 操作系统显示壁纸后，一般在半分钟内就会进入系统桌面。但有些计算机在启动时，需等待长达 2～3 min 的时间。

计算机在正常启动时，会执行 CONFIG.SYS、AUTOEXEC.BAT 以及 WIN.INI、SYSTEM.INI 和注册表中的启动选项，若上述文件中的自启动选项太多，就会极大地影响系统的启动速度。另外磁盘出现坏道及系统中存在病毒也会影响系统的启动速度。

解决方法：

① 使用 Windows 操作系统自带的"Msconfig.exe"来屏蔽不需要开机自行启动的程序。

② 使用"××安全卫士"等软件提供的"开机加速"功能模块来屏蔽不需要开机自行启动的程序。

如果这些文件中的启动选项都被取消后，启动时间仍然很长，就应该怀疑系统被病毒感染了。这时启动某个最新版本的反病毒程序对系统进行扫描是非常必要的。若病毒原因也被排除，此时应该考虑是磁盘故障。首先对磁盘进行全面扫描，检查磁盘是否存在坏道；然后运行磁盘碎片整理程序，消除磁盘碎片；最后运行磁盘清理程序，清除计算机中的垃圾文件以腾出必要的磁盘空间。

二、常见的系统设置不当或其他软件故障及应对方法

有些时候系统设置不当会导致一些莫名其妙的使用故障，此时需要结合故障现象进行判断，其解决方法无外乎是调整系统中的参数和选项。

（1）鼠标双击操作无效（单击正常）

该故障是用户无意中将鼠标双击的时间间隔设置得太短，致使系统将用户的双击操作视为两次不连续的单击操作。只需进入 Windows 操作系统的"控制面板"，选中"鼠标"选项，启动鼠标设置功能，适当调整鼠标双击的速度即可解决。

（2）文件关联出错

这类故障在删除某类文件与某个应用程序之间的关联关系后，即可解决。

三、调整 Windows 的组策略配置解决故障

Windows 的组策略是管理员为用户和计算机定义并控制程序、网络资源及操作系统行为的主要工具。通过使用组策略可以设置各种软件、计算机和用户策略。合理地配置组策略可以大幅提高计算机的使用安全，但不当的设置也会产生一些难以解决的故障。

启动本地组策略编辑器的方法：

单击"开始"→"运行"→输入"gpedit.msc"→"确定"按钮；也可直接在资源管理器中找到 C:\Winnt\System32\gpedit.msc 并打开。

 常见故障与注意事项

1．某计算机在通过 BIOS 设置完内存运行参数后，计算机开机后频繁重启。

此故障原因在于 BIOS 设置中的内存运行参数设置不当，使得内存无法按指定的参数工作，致内存数据在运行中出错，从而出现频繁重启现象。重新开机后，调取 CMOS 默认值后，保存 CMOS 设置参数即可解决该故障。

2．某台计算机的打印驱动程序无法安装

计算机无法安装打印驱动程序是因为 Windows 的组策略中启用了"防止安装打印机驱动程序"项，解决方法：启动本地组策略编辑器并逐项选择"安全设置"→"本地策略"→"安全选项"，选择禁用"防止安装打印机驱动程序"选项。

计算机无法安装网络打印驱动程序是因为启用了防火墙后，防火墙禁止网络打印服务，此时关闭防火墙即可。

3．某计算机进行显示器分辨率调整后，出现黑屏，无法显示。

此类情况一般是由于显示器分辨率或刷新率设置过高所致，可通过重新启动计算机进入"安全模式"（引导时按 F8 键，在菜单中选择引导方式），设置为较低的显示参数即可。

提示：对于计算机软件故障来说，当多项措施无效时，可在备份关键文档后进行系统还原，若仍然无效，可重新安装 Windows 操作系统或镜像恢复。

 达标检测

1．某计算机能打开浏览器但不能正常浏览网页，QQ 能正常使用，请分析原因并给出解决方法。

2. 一台计算机开机后不显示，并有蜂鸣声，请分析是哪种类型的故障。

任务 5.2　计算机故障检测的一般方法

任务目标

- 会用加电自检法检测故障
- 会综合运用最小系统法与加电自检法找出故障部件
- 会用硬件替代法排除故障

任务环境

螺丝刀、可上网的演示用计算机。

一、专业常识

计算机的最小系统都包含哪些部件？

二、连连看

请将左侧英文单词与右侧对应的中文含义用线段连接起来。

POST	存放 BIOS 设置参数的存储器
CMOS RAM	存放自检程序的存储器
BIOS ROM	加电自检

一、计算机的加电自检

　　为了确保计算机在启动后能正常运转，因此在每次加电后都会启用 BIOS ROM 中存放的自检程序，对系统中各部件进行自我检查，这个过程通常称为 POST 加电自检（Power On Self Test）。

计算机加电自检分为两大部分：关键部件测试与非关键部件测试。如果关键部件有问题，计算机会按故障类别进行各种鸣叫（CPU 故障及 BIOS 故障无鸣叫声），并使计算机挂起（不再继续启动）；如果是非关键部件故障，则在屏幕上显示信息和出错报告。

关键部件测试的主要步骤如下。

上电→CPU 复位→读取 BIOS ROM 中的程序→读取并检查系统时钟（System Clock）→检测 DMA 控制器→检测 0 至 64 KB 内存→检测中断控制器（IRQ）→检查显卡。

非关键部件测试的主要步骤如下。

64 KB 以上内存→I/O 口→软硬盘驱动器→键盘→即插即用设备→CMOS 数据正确性。

POST 过程进行非常快，正常情况下只需 10 秒左右，完成时蜂鸣器会发出"嘟"的声音。

通过上述自检流程可以发现，加电自检程序只检查 CPU、内存、键盘、硬盘、显卡等基本部件，对于声卡、网卡等部件不进行检测。

二、计算机的最小系统

计算机的最小系统是指保留系统能运行的最小环境，即仅包含最基本的运算器、控制器、存储器、输入设备、输出设备的计算机硬件系统，如图 5-2-1 所示。在实际运用的计算机的最小系统是由主板、蜂鸣器、CPU、内存、显示卡、显示器及开关电源组成的系统。使用最小系统可以大幅缩小故障排查范围，以便快速定位故障点。

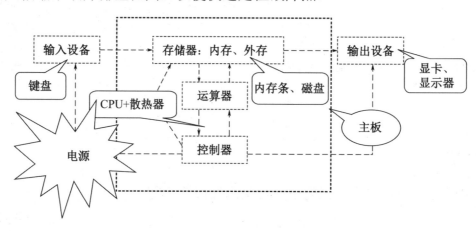

图 5-2-1　计算机的最小系统

 **内容与步骤**

对于板级维修来说，当计算机硬件出现工作异常，需要定位到具体存在故障的部件，然后维修或更换故障部件，从而解决故障。这种维修最重要的就是能准确定位故障部件。可通过以下几种方法进行排查。

一、加电自检法

所谓加电自检法，就是利用计算机加电后，计算机的自检程序对各部件进行自我检测，通过蜂鸣器的鸣叫报警、屏幕上的故障提示信息来判断故障点的方法。某些主板为方便用户检测器件故障，还在主板上加入了 LED 数码显示，自检时会不断地跳动检测代码，如果某器件故障，其最后所显示的代码就是故障器件编码。

虽然利用加电自检可以方便、直观地快速判断故障部件，但是自检出的故障提示为蜂鸣器的鸣叫报警或屏幕上的英文字符串，所以在使用加电自检法时，必须明白蜂鸣器的鸣叫及屏幕提示的具体含义。

（1）蜂鸣器的故障报警

加电自检分为关键部件测试与非关键部件测试，对于计算机出现关键部件故障时，是无法在屏幕上显示信息的，只能通过计算机内部的蜂鸣器发出鸣叫报警来提示用户故障的类别。用户一般可以通过鸣叫报警来判断内存、显卡、主板部分器件等处是否存在故障。对于常见情况，目前各品牌 BIOS 的报警提示基本一致。

- 内存条未插好或损坏：蜂鸣器循环长鸣。
- 显卡未插好或损坏：蜂鸣器 1 长 2 短鸣叫。
- 自检通过，无异常：蜂鸣器 1 短。

由于不同厂家固化在主板上的 BIOS 自检程序各不相同，出现非上述鸣叫声时，还需要查询该主板说明书或向厂家咨询。在没有相关手册可查询的情况下，如果有条件，也可将正常计算机的相关部件暂时去除并开机，观察报警信息与故障计算机的报警信息是否一致，从而协助判断计算机的故障点。

提示：对于 CPU、主机电源、主板供电或上电线路等影响自检程序执行的故障，是无法通过加电自检法来识别的。同理，无论什么部件故障，若蜂鸣器发出鸣叫（蜂鸣器需确保正常），就可以基本排除 CPU、BIOS ROM、主机电源故障，因为此时计算机的 CPU 已经从 BIOS ROM 中读取自检程序并运行了。

（2）屏幕上的故障信息提示

当计算机自检到非关键部件故障时，可在屏幕上显示故障信息，现将自检后屏幕上常见的提示信息简要说明如下。

- CMOS battery failed（CMOS 电池失效）

说明 CMOS 电池电量不足，更换新的电池即可。

- CMOS check sum error-Defaults loaded（CMOS 数据错误，已载入系统预设值）

此故障可能是在原有系统上更换或安装了新硬件后，检测结果与 CMOS 中储存的信息不符合而致。此时不需要做任何处理，只需按屏幕提示按 F1 键继续即可。此外，还可能是主板上的电池电量不足，可以尝试更换电池。若故障仍未解决，则可能是 CMOS 芯片供电线路故障，需对主板上此部分线路进行检查维修。

- Keyboard error or no keyboard present（键盘错误或未接键盘）

检查键盘的连线是否松动或者损坏。

● Hard disk install failure（硬盘安装失败）

硬盘的电源线或数据线可能未接好或者硬盘跳线设置不当。检查硬盘的各根连线是否插好。

● Hard disk(s) diagnosis fail（执行硬盘诊断时发生错误）

出现这个问题一般就是硬盘本身出现故障了，把硬盘放到另一台计算机上试一试，如果问题还是没有解决，则需要先解决硬盘的问题。

● Override enable-Defaults loaded（当前 BIOS 设置无法启动系统，载入 BIOS 中的预设值以便启动系统）

导致此现象一般是在 BIOS 设置中的设定出现错误，按照屏幕提示按 F1 键继续即可。

● Press TAB to show POST screen（按 TAB 键可以切换屏幕显示）

有的品牌机厂商会以自己设计的显示画面来取代 BIOS 预设的开机显示画面，可以按 TAB 键在 BIOS 预设的开机画面与厂商的自定义画面之间进行切换。

二、加电自检法与最小系统法的配合

所谓最小系统法是指保留系统能运行的最小环境，把其他的适配器和输入/输出接口（包括软、硬盘驱动器）临时取下来，再加电观察最小系统能否运行。这样可以避免因外围电路故障而影响最小系统。一般在计算机开机后系统没有任何反应的情况下，使用最小系统法。若最小系统正常，则逐步加入其他部件扩大最小系统。在逐步扩大系统配置的过程中，若发现在加入某部件到系统后，计算机系统由正常变为不正常，则说明刚刚加入的部件有故障，从而找到故障部件。

由于开机自检程序也主要检测最小系统中所示的硬件设备，所以最小系统法往往和开机自检法综合运用来判别故障点。

三、硬件替换法与其一般操作步骤

硬件替换法是用工作正常的部件去替换可能有故障的部件，根据替换后故障是否消失来判断故障部位的一种维修方法。两个部件可以是同型号的，也可以是不同型号的。一般替换的顺序如下。

（1）根据故障的现象考虑需要进行替换的部件或设备。

（2）按先简单后复杂的顺序进行替换，如先内存、CPU，后主板；又如要判断打印故障时，可先考虑打印驱动是否有问题，再考虑打印电缆是否有故障，最后考虑打印机或并口是否有故障等。

（3）最先检查和怀疑与有故障的部件相连接的连接线、信号线等，之后是替换怀疑有故障的部件，再后是替换供电部件，最后是与之相关的其他部件。

（4）从部件的故障率高低来考虑最先替换的部件。故障率高的部件先进行替换。

一般而言，硬件替换法多与其他检修方法联合使用，用于缩小故障范围，或最终确定故障部件，并加以更换。在实际使用中，其多与最小系统法共同使用来解决相关故障。

💡 **警告：** 对于硬件替换法来说，所有拆装部件的过程均需在断电的情况下进行，整个过程涉及各部件多次拔插，尤其是 CPU 及风扇，复原时切记要确保正确安装。

 **知识补充**

主板故障诊断卡

有些计算机主板存在硬件故障时，借助蜂鸣器叫声或观察现象也难以确定具体故障。此时，可以考虑在有故障的主板上接上一块主板故障诊断卡，如图 5-2-2 所示，这种诊断卡一般具有很多规格的接口，这是为了与包括笔记本电脑在内的尽可能多规格的计算机主板相接，常见的接口有 PCI-E、MINI PCIE、LPC、DEBUG 等。

图 5-2-2　主板故障诊断卡

当诊断卡接入主板后，在开机自检期间，诊断卡可以通过主板总线判别此时自检程序正在对主板的哪个部位进行检测，并将检测代码送往诊断卡的显示管，这个显示管可以显示十六进制的"00"至"FF"共 256 种编码。由于自检程序在自检过程中检测到某处故障时，会停止自检不再继续，因此，诊断卡上的数码显示管就会显示最后与故障点相对应的检测代码而不再变化，以此来反映故障点，用户只需查询手册即可获得显示代码所对应的故障。这样检测出来的故障点比较准确，可以极大地降低故障排查的难度，也能够节约时间。

 常见故障与注意事项

（1）某计算机更换显示器后，开机上电无显示，主机蜂鸣器报警 1 长 2 短。

根据蜂鸣器的鸣叫可知是显卡故障，因为出现此现象前刚更换显示器，可能是对显示信号线拔插时用力较大，致使显卡与主板扩展槽松脱，接触不良，可尝试重新插紧显卡。

（2）某计算机更换新键盘与鼠标后，屏幕显示 Keyboard error or no keyboard present，键盘无任何反应。

根据屏幕提示信息可知发生此现象与键盘有关，可检查键盘是否正确连接到主机背板接口。对于刚更换 PS/2 接口的键盘鼠标，尤其要注意是否把键盘与鼠标接口接错。

💡 **提示**：采用加电自检法可以方便地知道计算机主机中存在的各种故障，但应熟知 BIOS 报警声的含义。此外，对于声卡、网卡、鼠标等非最小系统设备难以用加电自检法进行检测。

（3）某 20 英寸显示器，说明书上称最高分辨率为 1600 ppi×900 ppi，将分辨率改为 1920 ppi×1080 ppi 后黑屏。

此现象说明该显示器不能达到 1920 ppi×1080 ppi 的分辨率，由于该显示器原先运行正常，因此这台显示器损坏的可能性不大，黑屏很可能是该显示器因达不到 1920 ppi×1080 ppi 的分辨率所致。

解决办法：用"硬件替换法"可以解决这个问题。用可正常显示 1920 ppi×1080 ppi 分辨率的显示器替换原显示器接好，开机后将分辨率调低至原显示器可使用的范围内，再换回原显示器即可。

（4）某计算机按下电源开关后，电源指示灯亮，磁盘灯不亮，显示器指示灯为橙色无画面显示，整个自检过程中无任何蜂鸣器叫声。

由于上述故障中未出现自检画面，因此，根据加电自检法判断应该是出现了关键性部件故障，但又没有蜂鸣器叫声，打开机箱后发现该机未接蜂鸣器，所以无论如何都不会有故障报警音。针对此故障，只能使用标准检修方法，按照最小系统法对几大部件逐个进行替换。由于内存相对容易更换，可先换内存试试，结果发现更换一根新内存后故障解决。

（5）一台兼容机，挂接一块 500 GB 磁盘和一块 2 TB 磁盘。当计算机处于满负荷状态运行一段时间后（此时 CPU 使用率保持在 100%，磁盘也在大量读写数据），经常性地自动重启，但用于文档编辑、上网等一般工作时无此现象。

由于这台计算机用于文档编辑、上网等一般工作时正常，只有进行大量计算时才出问题，而此时的计算机会随着满负荷运转产生大量热量，功率大增。因此，该故障有可能是 CPU 温度过高或电源功率不足所致。经检测，该计算机工作时温度正常，在更换更高功率的电源后，故障消失。

（6）某计算机开机后经常重新启动，严重时在自检时就重新启动。

计算机在自检时出现问题，证明故障出现在几大部件上，考虑到计算机有时能在进入系统后又重新启动，故问题有可能出现在显卡或内存方面。

利用硬件替换法，将内存和显卡一一更换，当更换新内存条后，故障消失。经仔细检查，原内存条金手指部分积有大量灰尘，用橡皮擦过后，再重新插回计算机中，打开计算机，恢复正常。

达标检测

1. 写出以下计算机自检中英文提示的含义。

CMOS check sum error-defaults loaded _____

Hard disk install failure _____

Keyboard error or no keyboard present _____

Press TAB to show POST screen _____

2．以下（　　）选项采用的是"拔插法"检测计算机故障。

  A．使用正常设备替换怀疑有故障的设备

  B．通过拔插板卡来确定故障所在的位置

  C．通过清洁计算机内部来判断故障的原因

  D．用测试诊断程序来判断引起故障的原因，前提是系统还能勉强运行

3．按下一台计算机的开机按钮后，电源指示灯亮，磁盘灯不亮，显示器正常但无显示，蜂鸣器循环长鸣。请针对这个故障进行故障分析。

_____

_____

_____

_____

任务 5.3　排除典型故障

任务目标

- 能分析计算机黑屏、不发声、不能上网等典型的故障现象，并找出故障点
- 会总结解决计算机故障的步骤与方法

任务环境

螺丝刀、可上网的演示用计算机。

课前预习

如果将内存条从主板上卸除，开机后显示器上会有显示内容吗？为什么？

知识准备

计算机故障的排查策略

排查计算机故障时，并非想到哪就查哪，或是每个部件、软件都查一遍，尤其是计算机黑屏、不能上网等故障，涉及很多方面因素，排查故障时应按照如下顺序进行。

1. 确定排查范围

把能导致该故障的所有因素都罗列出来，以确定排查范围。

2. 观察故障现象，初步判断可能的故障点

观察故障发生前后的差异和发生故障时计算机的状态，可以迅速缩小排查范围或初步定位故障点。

3. 复杂故障按序排查

对于难以通过现象迅速定位故障点的场合，可在所有排查范围内采用先易后难、先外后内、先故障易发点、先软件后硬件的排查顺序进行排查。

内容与步骤

所谓典型故障，这里是指计算机最常见的一些故障，如黑屏、计算机不发声、不能连接网络等故障。在平时的生活与工作中，由于某个配件或软件问题会导致这些故障的发生。因此，学会处理典型故障就可以应对绝大多数的计算机故障。

一、黑屏

当计算机的显示器未显示应有的信息，屏幕上无任何画面，这种现象即为"黑屏"。导致黑屏故障的原因很多，凡是不能正常显示自检信息的故障，基本上可以认定为硬件故障；如果自检信息显示正常，但进入操作系统后黑屏，则可能存在软件故障。

由硬件故障导致的黑屏可按如下思路进行分析。

（1）圈定排查范围，找出使计算机显示器出现显示信息的必备硬件，见表 5-3-1。

表 5-3-1　使计算机显示器出现显示信息的必备硬件

序　　号	部 件 名 称
1	电源供电插座
2	显示器与主机电源线缆
3	主机开关电源
4	主板
5	CPU
6	内存
7	显卡

续表

序　号	部　件　名　称
8	显示信号线缆
9	显示器

在上表中任何一处以上的部件出现故障，均会导致黑屏。即排查范围就是表中所示的各部件。

（2）各相关硬件损坏时的主要故障现象

明确了排查范围后，要确定故障点，就必须清楚各部件故障时的主要现象，并以此为分析故障点的依据，见表 5-3-2。

表 5-3-2　黑屏时各部件故障的主要故障现象

序　号	发生故障的部位	主要故障现象
1	电源供电插座故障	开关按下后无任何反应，显示器与主机电源指示灯均未点亮，更换供电插座后故障消失
2	电源线缆故障（显示器与主机分别供电时）	开关按下后，主机与显示器其中一个设备电源指示灯未点亮，更换显示器与主机的电源线缆后，故障现象相反
3	主机电源故障	主机开关按下后，电源风扇不运转，主机电源指示灯未点亮
4	主板 BIOS 故障	主机开关按下后，电源风扇运转，主机电源指示灯点亮，CPU 散热风扇运转，CPU 产生热量
5	主板 CPU 供电模块故障	主机开关按下后，电源风扇运转，主机电源指示灯点亮，CPU 散热风扇运转，CPU 不产生热量
6	CPU 故障	主机开关按下后，电源风扇运转，主机电源指示灯点亮，CPU 散热风扇运转，CPU 不产生热量，更换 CPU 后故障消失
7	内存条或内存插槽故障，或内存条接触不良	开机后，主机蜂鸣器重复长叫
8	显卡故障或显卡接触不良	开机后，主机蜂鸣器 1 长 2 短鸣叫
9	显示信号线缆故障	开机后，经过 10 余秒后主机蜂鸣器鸣叫 1 短声（自检完成，无故障），硬盘工作指示灯不断闪亮（加载操作系统），显示器一直无信号显示
10	显示器亮度调节过暗	开机后，显示器工作状态指示灯切换为有信号源，但无显示，经过 10 余秒后主机蜂鸣器鸣叫 1 短声（自检完成，无故障），硬盘工作指示灯不断闪亮（加载操作系统）

表 5-3-2 描述了某些部件故障时的主要现象，但在实际情况下，当多个部件同时发生故障时，现象可能会有变化。因此，在排查故障前应仔细了解故障前后发生的具体情况。

（3）排查顺序

对于黑屏故障，在实际情况下，可根据表 5-3-2 中描述的故障现象找到最可能有故障的部件并进行排查。当无法确认具体部件时，建议采用先易后难、先外后内、先故障易发点的排查顺序，表 5-3-2 也基本是按这些原则进行排列的。

二、计算机不发声（其他工作正常）

具备声卡与音箱的计算机不能正常发出声音也是常见的故障之一。导致计算机不发声的故障原因也很多，此类故障可按如下思路进行分析。

（1）圈定排查范围，找出使计算机发声的必备条件，见表 5-3-3。

表 5-3-3　计算机发声的必备条件

序　号	计算机发声的必备条件
1	计算机与音箱连接线连接正确
2	音箱供电正常且能正常发声
3	计算机声卡（音频处理器）工作正常
4	计算机声卡驱动程序安装正确
5	计算机音量设置正常（未设为禁音或音量过低）
6	光盘驱动器音频线连接正确（播放 CD 时需要）

上表中任何一处或以上的部件出现故障，均会导致计算机不能正常发声。因此，排查该故障时，排查范围就是表中所示的各部件。

✔ 提示：在检查计算机不发声故障时，尤其注意音箱在测试前不要处于最大音量档，尽可能地将其置为较小音量档，以免测试声音突然大音量播出，伤害听力。

（2）各相关部件故障时的简易判断方法，见表 5-3-4

表 5-3-4　计算机不发声故障的简易判断方法

序　号	故障部位	简易判断方法
1	计算机与音箱连接线	音箱信号线未接在主机背板的 Line Out 接口或音箱左右声道线未正确连接
2	音箱	打开音箱电源，调节音箱上的音量旋钮至音量较大，用手指反复触碰音箱信号输入端头，音箱随触碰动作产生噪声表明音箱工作正常
3	计算机声卡（音频处理器）	打开机箱检查声卡是否牢固安装至扩展槽或整合声卡时 BIOS 设置中声卡功能是否被启用
4	计算机声卡驱动程序	Windows 设备管理器中是否有声音设备被禁用、驱动程序未安装、安装不正确的信息
5	计算机音量设置（未设为禁音或音量过低）	音量设置当前值为最低或静音
6	光盘驱动器音频线（播放 CD 时需要）	播放 CD 时，音箱接在背板 Line Out 接口时无声，但接在光盘驱动器前面板 Line Out 接口时有声

三、计算机不能上网

计算机不能上网是工作与生活中经常遇到的问题，计算机是否能上网涉及当前计算机、网络设备、网络运营商等多个方面，网络设备的调试及运营商的限制策略等方面内容均不在本书所涉及的范围内，所以这里讨论的计算机不能上网，主要是指因当前计算机故障而无法上网的解决策略。

不考虑网络设备故障或是运营商限制等因素时，导致计算机不能上网可按如下思路进行分析。

（1）圈定排查范围，找出使计算机能上网的必备条件，见表 5-3-5。

表 5-3-5 计算机能上网的必备条件

序　号	计算机能上网的必备条件
1	计算机与网关（宽带路由器）、交换机连接正常
2	计算机网卡驱动程序正常
3	无线网卡未禁用、可以正常接入无线热点（使用无线网络时）
4	使用拨号上网的用户，用户名与密码设置正确
5	IP 地址、DNS 地址、网关地址或代理服务器地址配置正确
6	浏览器未被设为"脱机模式"
7	防火墙未禁止相关应用程序访问网络

表 5-3-5 中任何一处或以上的部件出现故障，均会导致计算机不能正常发声。因此，排查该故障时，排查范围就是表中所示的各部件。

（2）各相关部件故障时的简易判断方法

当出现网络访问故障时，由于还可能涉及运营商或相关网络设备。因此，如果不存在表 5-3-6 中所述的主要故障现象，且用 ping（测试与目标主机的连通性的命令）、ipconfig（查看、释放、获取 IP 地址等参数配置的命令）、nslookup（测试 DNS 服务的命令）等命令未发现异常时，应及时向网管或运营商报修解决。

表 5-3-6 计算机不能上网的简易判断方法

序　号	故 障 部 位	简易判断方法
1	计算机与网关（宽带路由器）、交换机连接	Windows 任务栏右侧会显示带叉的网络图标
2	计算机启动后找不到网卡或网卡驱动程序异常	在命令行中执行：ping 127.0.0.1，无法收到回答
3	无线网卡被禁用、无法接入无线热点	Windows 任务栏右侧会显示带问号的无线网络图标
4	拨号上网的用户名与密码设置	上网拨号不成功
5	IP 地址配置错误或未能从 DHCP 服务器自动获取 IP 地址	Windows 任务栏右侧会显示带感叹号的网络图标
6	DNS 服务器地址配置错误	QQ 等与域名无关的软件正常、但浏览器不能上网
7	局域网用户或通过宽带路由器上网的用户，网关地址错误	局域网同网段主机可访问，其他网络均无法访问。宽带路由器下所接各设备可互访，外网无法访问
8	浏览器设为"脱机模式"	QQ 能上网，浏览器不能上网
9	防火墙禁止访问网络	禁用防火墙后，故障消失

 知识补充

一、ping 命令的使用

ping 是一个专门在命令行下使用的检查调试网络的实用程序。ping 命令一般会向目标主机发送 4 个请求回答的消息，随后报告是否收到了所希望的应答，通过是否收到应答来检查网络的连通性。使用 ping 命令一般有如下几种情况。

（1）对 IP 地址为 192.168.1.1 的目标主机执行 ping 测试，命令报告如下：

Reply from 192.168.1.1:bytes=32,time<1ms,TTL=127

表明与主机连通（time 后的延时值与 TTL 值可以与示例不同。）

（2）报告 Request timed out，表明发送消息后在应有的时间内未收到应答，表明与目标主机间网络不通或目标主机不存在。

（3）报告 Destination host unreachable，表明无法将数据送达目标主机，一般是未指定数据转发设备或数据转发设备存在故障。

用好 ping 可以很好地帮助用户分析判定网络故障。其应用格式为"ping IP 地址"。该命令还可以加入许多参数使用，具体方法是输入 ping 按回车键即可看到详细说明。以下是该命令的几种常见用法：

- ping 本机 IP：如果网卡安装配置没有问题，则应显示网络连通的信息。
- ping 网关 IP：如果网关工作正常且能与网关连通，则与外网应能正常通信。
- ping‑t 目标 IP：一直是 ping 指定的计算机，直到按组合键"Ctrl+C"中断。

关于 ping 的详细用法可以在"百度"中输入"ping 命令"，搜索相关使用信息。

二、IPConfig 命令的使用

IPConfig 是一个专门在 DOS/Windows 命令行下使用的检查调试网络的实用程序。可用于显示当前的 TCP/IP 配置的参数。可以通过其显示的网络参数信息来检验已配置的 TCP/IP 参数是否正确，即使是"自动获取"的网络参数，其也可以显示出来。以下是该命令的几种常见用法：

（1）IPConfig：显示当前主机的 IP 地址、子网掩码、默认网关。

（2）IPConfig /all：显示当前主机的 MAC 地址、IP 地址、子网掩码、默认网关、DNS 服务器等较全面的网络参数配置信息。

（3）IPConfig /release：释放自动获取的 IP 地址。

（4）IPConfig /renew：向服务器请求重新分配 IP 地址参数。

关于 IPConfig 的详细用法可以在"百度"中输入"IPConfig 命令"搜索相关使用信息。

常见故障与注意事项

1．某计算机平时工作正常，一次开机后发现无自检画面，但数十秒后仍能听到 Windows 的开机音乐。

从故障现象上看，主机部分实际上已经进入了操作系统，但显示器上并未出现任何内容，表明主机部分一切正常，故障出现在显示器或显示信号线上。仔细观察，显示器与主机的连接线松动，重新接好后，故障消失。

2．某计算机在更换主板重新启动后，出现电源指示灯亮但系统不自检且显示器黑屏的故障。

该故障现象表明 CPU 未执行启动自检程序，可能是 CPU 故障、主板 CPU 供电故障、主板 CPU 复位电路故障。打开机箱，仔细观察，发现 CPU 风扇正常运转，关掉电源后，由于无条件更换主板试验，遂采用"最小系统法"排除故障，去掉磁盘光驱、计算机面板等的连接线，只保持主板、CPU、内存、显卡的最小系统，开机后系统顺利开启。仔细检查发现计算机面板的 RESET 接口簧片短路，导致主板一直处于复位状态，维修后故障消失。

该故障现象比较容易让用户迷惑，看似 CPU 故障，实则 CPU 一直处于复位状态，从而无法执行自检程序。

3．某计算机 QQ 聊天一切正常，但浏览器无法上网。

从故障现象上看，故障应与网络设备或运营商无关，此时可以按照故障概率大小顺序依次检查：浏览器、防火墙、DNS 服务器地址配置等软件设置。经查，浏览器处于"脱机模式"，取消其"脱机模式"后故障消失。

 **达标检测**

1．某计算机更换显示器后，开机上电后无显示，主机蜂鸣器报警 1 长 2 短，则可能的故障部件是_____。

2．计算机开机后屏幕上出现"Keyboard error or no keyboard present"，这是因为_____，解决该问题的方法是_____。

3．一台计算机在进行过 BIOS 设置后，重新开机且显示器无显示，该如何解决此问题。

_____

_____

_____

_____

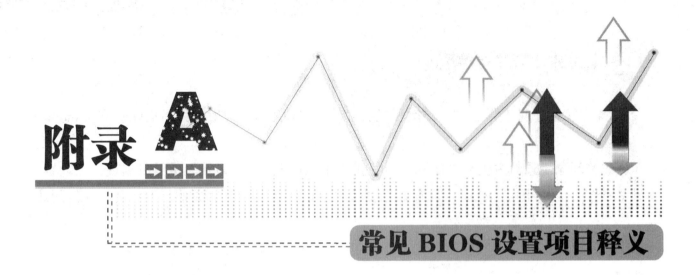

　　尽管各厂家 BIOS 设置界面各不相同，但主要内容、操作方法基本一致，此处仅以某 Z690 芯片组主板所搭载的 UEFI BIOS 为例，对常见的各 BIOS 设置项目释义，如图附录 A-1 所示。

　　特别说明的是，由于 Z690 芯片组是搭配 Intel 第 12 代酷睿处理器工作的，所以许多设置项仅针对 Intel 第 12 代酷睿处理器。此外，使用默认的设定值可以取得性能与稳定性较佳的平衡，不当的设置可能会导致系统不稳定甚至无法启动。仅当上电自检时屏幕上出现错误提示，并要求进行 BIOS 设置或是安装的新配件需要进一步的 BIOS 设置时，才需要对 BIOS 进行设置。

图附录 A-1　某主板 BIOS 设置主界面

1. BIOS 设置中的操作

目前绝大多数 UEFI BIOS 设置界面均可使用鼠标进行操作，如果使用键盘可以参考下表进行操作。

表附录 A-1　使用键盘设置 BIOS

按　键	说　明
→ / ←	左右移动 BIOS 配置项目
↑ / ↓	上下移动 BIOS 配置项目
Enter（回车键）	选择该项目
+ / −	更改所配置项目的参数
ESC	退出当前画面
F1 Help	帮助说明
F10	保存退出

2. BIOS 设置的界面

如图附录 A-2 所示是某主板 BIOS 设置的主界面，从图中可以看出该主板使用的是 UEFI BIOS，在其首页界面中显示了系统运行的主要参数，如当前日期与时间、CPU 的工作电压、风扇的转速等信息。并提供了几个最常用的设置项，如切换语言、调用默认参数、调整启动顺序、AI 超频模式、开启或关闭 SATA RAID 模式以及进入"高级设置"模式。

图附录 A-2　BIOS 高级模式设置界面

这种仅显示最常见的设置项以及主要运行参数的界面，被厂家称为"Ez Mode"（简易模式）。

在主界面（Ez Mode）中，选中 Advanced Mode 后，即可进入高级模式。在该模式下，BIOS 设置界面将展示全部的参数设置功能。

为了让用户有序地配置各项参数，高级模式（Advanced Mode）如图附录 A-2 所示，将所有功能项分为 8 项。

- My Favorites（用户偏好的配置菜单）
- Main（基本配置菜单）
- Ai Tweaker（超频配置菜单）
- Advanced（高级功能配置菜单）
- Monitor（监测菜单）
- Boot（启动设置菜单）
- Tool（特殊功能配置菜单）
- Exit（退出 BIOS 设置菜单）

（1）基本配置菜单（Main）

有些 BIOS 设置中，该类设置可能称之为"Standard CMOS Features"，即基本特性设置。使用此菜单可对基本的系统配置进行设定，如时间、日期等。

如图附录 A-3 所示为 BIOS 基本配置项界面，显示了一些系统参数和部分基本设置项目。

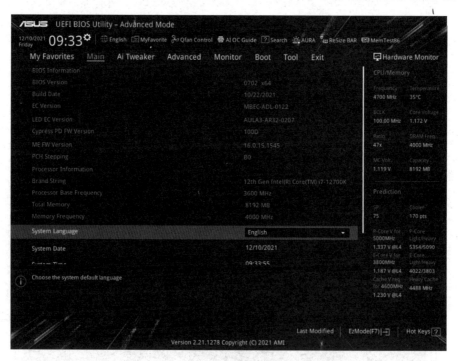

图附录 A-3　BIOS 基本配置菜单界面

- BIOS Information（系统信息显示）：

显示项目有系统日期与时间、BIOS 版本。

● Processor Information（处理器信息）：

显示项目有 CPU 型号、CPU 的基本工作主频、内存容量、内存工作频率。

● System Date[Month/ Day/ Year]（系统日期[月/ 日/ 年]）

设定系统日期。有效的月、日、年的值为：月（1 至 12）、日（1 至 31）、年（最高至 2099）。

● System Time[Hour: Minute:Second]（系统时间[时：分：秒]）

设定系统时间。

● System Language：English（系统语言：英语）

设定 BIOS 设置界面所使用的语言，默认为英语。

其余的为灰色不可调节部分。

（2）超频配置菜单（Ai Tweaker），如图附录 A-4

● Ai Overclock Tuner：智能超频模式

默认值：Auto（自动配置最佳参数）。

Manual（手动设置各项参数）。

注意：只有在此项设为 Manual 时，才会允许配置以下各项。

● BCLK Frequency：总线与内存工作频率比例

默认址：Auto（自动配置最合适的比例）。

[100:133]将总线工作频率与内存工作频率比值设为 100:133。

[100:100]将总线工作频率与内存工作频率比值设为 100:100。

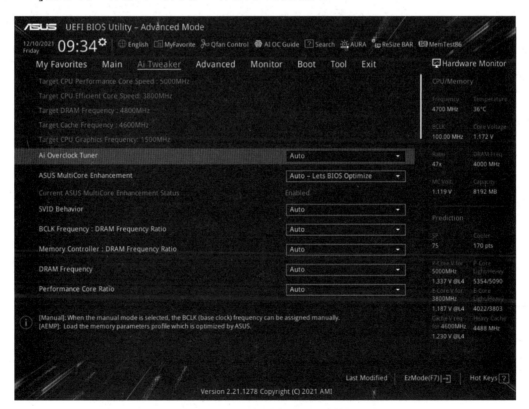

图附录 A-4   BIOS 超频配置菜单界面

● DRAM Frequency：（内存的运行频率）

默认值：Auto（自动配置最佳参数）。

设置值范围：[DDR5-800 MHz]～[DDR5-1333 MHz]

● Performance Core Ratio：（性能核比例）

默认址：Auto（自动配置最合适的比例）。

Sync All Cores：按设定的核心比同步所有性能核。

By Core Usage：根据在用的性能核心数设置性能核比例。

AI Optimized：使用 AI 智能优化性能核比例。

● CPU SVID Support：CPU 电压自动调节功能

默认址：Auto（自动配置是否开启）。

Disabled：无须 CPU 自动调节（建议需要超频的场合使用该选项）。

Enabled：需要 CPU 自动调节。

● DRAM Timing Control：内存时序配置

● CPU Core/Cache Boot Voltage：设置启动时 CPU 内核的电压

默认址：Auto（自动配置）。

设置值范围：0.6 V-1.7 V。

● CPU Input Boot Voltage：启动时 CPU 的输入电压

默认址：Auto（自动配置）。

设置值范围：1.5 V-2.1 V。

● PLL Termination Boot Voltage：时钟倍频电路电压

默认址：Auto（自动配置）。

设置值范围：0.8 V-1.8 V。

● CPU Standby Boot Voltage：启动时 CPU 的待机电压

默认址：Auto（自动配置）。

设置值范围：0.8 V-1.8 V。

● CPU Core/Cache Current Limit Max：指定 CPU 内核的工作电流限值

默认址：Auto（自动配置）。

设置值范围：0.00～511.75（建议超频时使用最大值 511.75，以防超频时 CPU 内核工作电流受限）。

● CPU Graphics Current Limit Max：指定 CPU 的显示内核工作电流限值

默认址：Auto（自动配置）。

设置值范围：0.00～511.75（建议超频时使用最大值 511.75，以防超频时 CPU 显示内核工作电流受限）。

● SPD Write Disable：禁止对 SPD 写入数据

默认址：TRUE（是）。

FALSE：不禁止对 SPD 写入数据（允许写入 SPD 数据可能导致内存工作异常）。

注意：针对超频的设置项目繁多，涉及 CPU 运算内核、显示内核、缓存、PLL、内存等多方面的电压、频率、时序的设定。超频时，在确保散热良好的条件下，原则上可对相关电压值相比额定值提高 10%，并取消电流限制；在频率设定上可以比额定值提高 10%；对于时序项的配置时，若使用高性能的内存条，时序值可相对额定值设定更小些，但过于激进的设定会导致计算机不能稳定工作或无法启动，严重的情况下可能会导致处理器永久性损坏，建议所有设置应在专业人员的指导下进行。若因超频项设置不当致计算机无法启动时，应通过主板上的清除 CMOS RAM 数据跳线（或按钮）对设置值进行强制清除。

（3）高级功能配置菜单（Advanced）

在有些 BIOS 设置中，该类设置可能称之为"Advanced BIOS Features"，即高级特性设置。高级项目配置菜单一般涉及 CPU Configuration（CPU 配置）、PCH Configuration（PCH 配置）、USB Configuration（USB 接口配置）、NVMe Configuration（NVMe 配置）等项目，如图附录 A-5 所示，每个项目中有数项至数十项设定。由于项目众多，此处仅做部分设定的简要介绍。

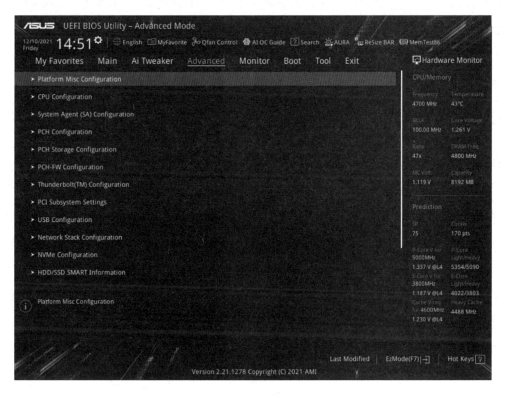

图附录 A-5　BIOS 高级功能配置菜单界面

① PCH Configuration（PCH 配置）

主要是管理与设置 PCI Express 插槽的项目。

● PCIEX16 Link Speed：指定 PCI Express 插槽的速度标准

默认址：Auto（自动配置）。

设置值范围：Auto，Gen1，Gen2，Gen3（自动根据所接设备的规格确定速度标准并强制使用）。

● M.2 Link Speed：指定 M.2 插槽的速度标准

默认址：Auto（自动配置）。

设置值范围：Auto，Gen1，Gen2，Gen3，Gen4（自动根据所接设备的规格确定速度标准并强制使用）。

② USB Configuration（USB 接口配置）

主要是管理与设置 USB 设备的项目。

● Legacy USB Support（设置是否支持传统环境下使用 USB 设备）

默认值：Auto（启动时接有 USB 设备则启用）。

Disabled：系统开机自检时无论是否存在 USB 设备都关闭 USB 控制器。设为 Disabled 后，系统自检时、DOS 下都不能使用 USB 设备。

Enabled：系统开机自动检测 USB 设备并启动该功能。

● XHCI Hand-off（设置是否允许 BIOS 对 USB 控制器的接管）

默认值：Disabled（禁用，此时由操作系统的 XHCI 驱动程序来支持 XHCI）。

Enabled：在操作系统 USB 接口的 XHCI 控制器驱动程序不完善时，通过 BIOS 对 USB 接口的 XHCI 控制器进行操作。

● Mass Storage Devices：（设置大容量存储设备的模拟类型）

默认值：Auto（自动根据 USB 设备的格式来模拟具体类型）。

Floppy：模拟成软盘驱动器。

Hard Disk：模拟成硬盘驱动器。

CD-ROM：模拟成光驱。

● USB Single Port Control：（主板上 USB 连接端口的控制）

默认值：Enabled（启用主板上 USB 连接端口）。

Disabled：（禁用主板上 USB 连接端口）。

③ NVMe Configuration（NVMe 配置）

主要是管理与设置 NVMe 控制器与驱动信息的项目。

④ APM Configuration（APM 配置）

主要是高级电源管理的配置项目。

● Restore AC Power Loss（交流电意外断电后的上电功能）

默认值：Power OFF（关机状态）。

OFF：意外断电后供电恢复，系统还是处于关机状态。

Last State：意外断电后供电恢复，系统自动开机恢复到断电以前的状态。

ON：意外断电后供电恢复，系统自动开机。

● ErP Ready：支持欧盟能源标准产品

默认值：Disabled（不启用节能功能）。

Enabled（S4+S5）：（在 S4 与 S5 模式下关闭某些接口电源，以节省能源消耗）。

Enabled（S5）：（在 S5 模式下关闭某些接口电源，以节省能源消耗）。

S4 是深度休眠模式，即休眠前将内存中所有信息写入硬盘后，系统各部件断电，唤醒时需从硬盘调取数据至内存，此种休眠模式的唤醒时间相比 CPU 与内存不断电的休眠模式要长。

S5 实际上就是通过对操作系统进行关机操作后，计算机所处的关机状态。此时再上电时需要重新加载操作系统，即启动计算机。

💡 注意：当启用该功能后，会导致深度休眠时无法从 USB 键盘、鼠标及网络唤醒主机。

● Power On By PCI-E（通过 PCI-E 网卡唤醒主机）

默认值：Disabled（不启用）。

Enabled：（允许内置的网络控制器或其他安装在 PCI-E 插槽上的网卡唤醒主机）。

● Power On By RTC（通过时钟唤醒主机）

默认值：Disabled（不启用）。

Enabled：（允许设置时间定时唤醒主机，此时还需设置天、时、分、秒等参数）。

⑤ OnBoard Devices Configuration（板载设备配置）

主要是对主板上集成的功能模块进行配置的项目。

● HD Audio（板载高保真音频控制器）

默认值：Enabled（开启）。

Disabled：关闭。

● Intel LAN（板载 Intel 网络控制器）

默认值：Enabled（开启）。

Disabled：关闭。

● Marvell 10G LAN（板载 Marvell 10G 网络控制器）

默认值：Enabled（开启）。

Disabled：关闭。

● USB power delivery in Soft Off state（S5）（在关机后是否为 USB 接口供电）

默认值：Enabled（开启）。

Disabled：关闭。

（4）监测菜单（Monitor）

监测菜单可以让用户查看系统温度、电力状态，并可用来更改风扇设置，如图附录 A-6 所示。

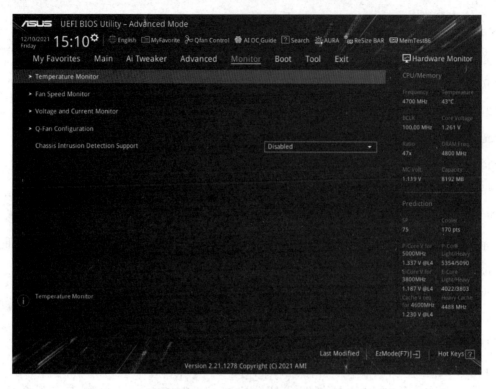

图附录 A-6　BIOS 监测菜单界面

① Temperature Monitor（温度监测）

此项主要提供了 CPU Temperature（CPU 温度监测），MotherBoard Temperature（主板温度监测），ChipSet Temperature（芯片组温度监测），DIMM Temperature（内存条插槽温度监测）等监测内容。

② Fan Speed Monitor（CPU 风扇速度监测）

● CPU Fan Profile （CPU 风扇模式设置）

默认值：Standard（标准模式）。

Silent：静音模式（风扇转速较低，适用于 CPU 发热量小的场合）。

Turbo：高速模式（风扇转速较高，适用于 CPU 发热量较大的场合）。

FullSpeed：全速模式（最高风扇转速，需要全力处理 CPU 发热的场合）。

Manual：手动设置（需预定好处理器达到某温度时风扇相应的转速）。

（5）启动菜单（Boot）

启动菜单可以让用户设置启动设备及相关功能，如图附录 A-7 所示。

① CSM（兼容支持模块设置）

● Launch CSM（兼容支持模块设置）

CSM（Compatibility Support Module）兼容支持模块，是 UEFI 定义的一种用来支持传统 BIOS 的技术方案，如支持 MBR，Legacy PCI 等。该选项首先显示出 CSM 模块版本。

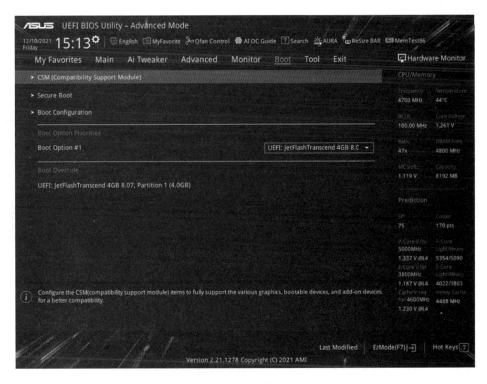

图附录 A-7　BIOS 启动菜单界面

默认值：Enabled（启用），当待安装的操作系统与启动计算机的驱动器中任何一项不支持 UEFI 接口时，应开启此功能，使用传统的 BIOS 技术来启动计算机。

Disabled：（关闭），当操作系统与启动计算机的设备均支持 UEFI 时，可关闭此功能。以纯 UEFI 方式启动，且完全支持安全启动。

② Secure Boot（安全启动模式）

● OS Type（操作系统种类）

默认值：Other OS：非 Windows UEFI 模式的操作系统（不启用安全启动）。

Windows UEFI Mode：Windows UEFI 模式（使用安全启动模式）。

💡 说明：Windows 11 操作系统要求计算机必须采用安全启动模式。

----

③ Boot Configuration（启动配置）

● Fast Boot：快速启动

默认值：Enabled（启用）。

Disabled：禁用（增加自检的详细程度，但自检时间相对较长）。

● Post Delay Time（自检延时）

自检期间的延时时间，较长的延时以便用户有足够的时间按下热键进入 BIOS 设置。

默认值：1 s。

设置值：0～10 s。

● Boot Option Priorities（启动优先选项设置）

设置启动计算机的设备顺序，主要有 USB、HDD、CD-ROM、网卡等。

（6）Tool（工具菜单）

主要提供了升级 BIOS、内存测试、安全清除等功能。

（7）Exit（退出菜单）如图附录 A-8 所示。

图附录 A-8　BIOS 退出菜单

- Load Optimized Defaults（调用最佳的默认值）
- Save Changes & Reset（保存更改的设置并重启）
- Discard Changes & Exit（放弃修改并退出 BIOS 设置）
- Launch EFI Shell from USB drives（从 USB 设备运行 EFI Shell）

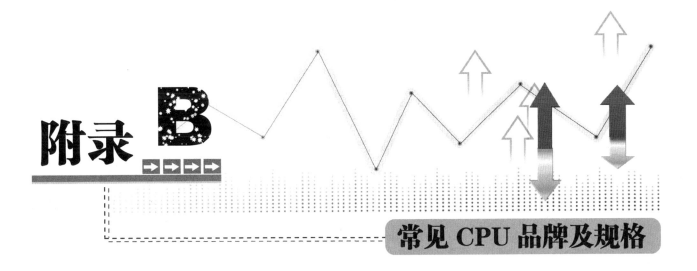

附录 B

常见 CPU 品牌及规格

一、常见 CPU 品牌

Intel

AMD

龙芯中科
LOONGSON TECHNOLOGY

Intel

Amd

龙芯中科

二、常见 CPU 世代图

INTEL				AMD			
代号	世代	年代	制造工艺	代号	世代	年代	制造工艺
Alder Lake	第12代酷睿	2021—2022年	7 (10nm Ehanced SuperFin)	Zen 4	锐龙7000	2022年	5nm
Rocket Lake	第11代酷睿	2021年	14nm+++	Zen 3	锐龙5000	2020年	7nm
Comet Lake-S/Skylake-X	第十代酷睿	2019—2020年	14nm+++	Zen 2	锐龙3000/线程撕裂者3000	2019年	7nm
Coffee Lake-Refresh/Skylake-X	第九代酷睿	2018—2019年	14nm++	Zen+	锐龙2000线程撕裂者2000	2018年	12nm
Coffee Lake	第八代酷睿	2017—2018年	14nm++	Zen	锐龙1000/线程撕裂者1000	2017年	14nm
Kaby Lake	第七代酷睿	2016年	14nm+	Piledrever	第二代FX	2012—2013年	32nm
Skylake	第六代酷睿	2015年	14nm	Bulldozer	第一代FX	2011年	32nm
Broadwell	第五代酷睿	2014—2015年	14nm	Godavari	第七代APU	2015年	28nm
Haswell	第四代酷睿	2013年	22nm	Carrizo	第五代APU	2014年	28nm
Ivy Bridge	第三代酷睿	2012年	22nm	Richland	第三代APU	2013年	32nm
Sandy Bridge	第二代酷睿	2011年	32nm	Trinity	第二代APU	2012年	32nm
Nehalem/Westmere	第一代酷睿	2008—2011年	32nm	Llano	第一代APU	2011年	32nm
Conroe	酷睿2	2006—2008年	65/45nm	K10	弈龙/速龙	2007—2011年	45nm

三、常见 CPU 天梯图

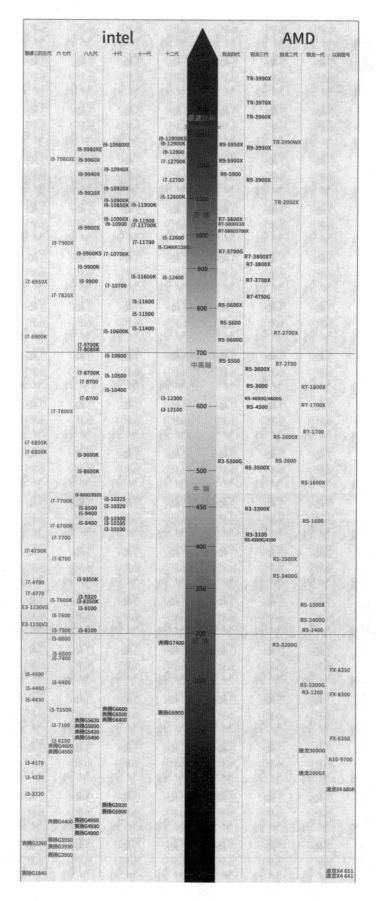

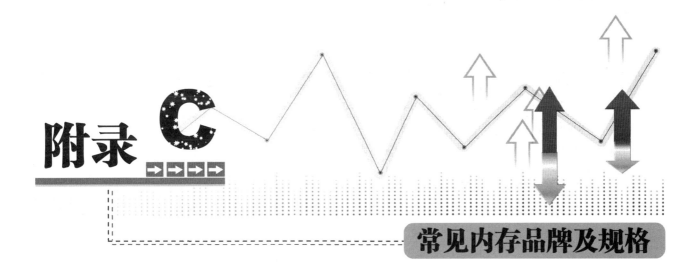

附录 C

常见内存品牌及规格

一、常见内存品牌

金士顿

ADATA 威刚科技

威刚

CORSAIR

海盗船

Apacer

宇瞻

KINGMAX Yours forever

胜创

SAMSUNG

三星

KINGBOX 黑金刚内存

黑金刚

GeIL

金邦

hynix

海力士

Kimtigo 金泰克

金泰克

crucial

英睿达

Transcend

创见

二、常见内存规格

1. DDR4 系列

内存主频	容量	针脚数	电压
DDR4-2133	4 GB、8 GB、16 GB	288	1.2 V
DDR4-2400	4 GB、8 GB、16 GB	288	1.2 V
DDR4-2666	4 GB、8 GB、16 GB	288	1.2 V
DDR4-3000	4 GB、8 GB、16 GB	288	1.2 V
DDR4-3200	4 GB、8 GB、16 GB	288	1.2 V
DDR4-3400	4 GB、8 GB、16 GB	288	1.2 V
DDR4-3600 及以上	4 GB、8 GB、16 GB	288	1.2 V

2．DDR5 系列

内 存 主 频	容　量	针　脚　数	电　压
DDR5-4800	8 GB、16 GB	288	1.1 V
DDR5-5200	8 GB、16 GB	288	1.1 V
DDR5-5600	8 GB、16 GB	288	1.2 V
DDR5-6000	8 GB、16 GB	288	1.2 V

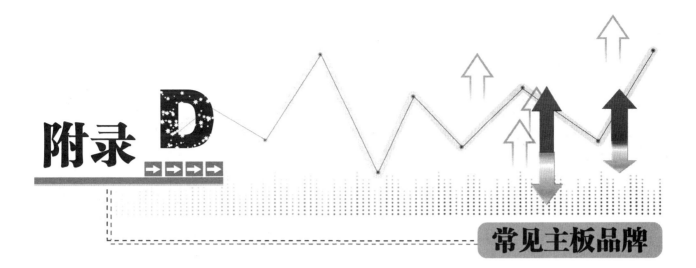

附录 **D**

常见主板品牌

GIGABYTE™

技嘉

ASUS

华硕

ASRock

华擎

msi

微星

COLORFUL™
七彩虹

七彩虹

BIOSTAR®

映泰

ONDA

昂达

铭瑄

UNIKA 双敏

双敏

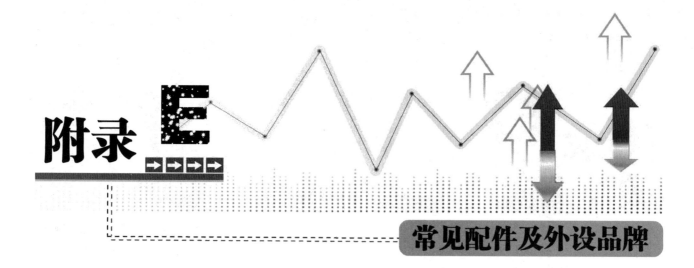

一、显卡类

七彩虹

影驰

GIGABYTE™

技嘉

SAPPHIRE

蓝宝石

msi

微星

ZOTAC®

索泰

ASUS®

华硕

INNO3D™
Brutal by Nature

映众

铭瑄

铭瑄

耕升

COLORFIRE
——镭风显卡——

镭风

ATALAND 迪兰

迪兰

小影霸

小影霸

翔升

yeston 盈通

盈通

SOYO

梅捷

LEADTEK
丽 台 科 技

丽台

ASRock®
华 擎

华擎

二、显示器类

AOC

PHILIPS

飞利浦

HKC

HKC

ViewSonic

优派

SAMSUNG

三星

DELL™

戴尔

acer

宏碁

HUAWEI

华为

小米

三、硬盘类

SEAGATE

希捷

WD Western Digital

WD（西部数据）

SAMSUNG

三星

HITACHI

日立

四、机箱电源类

aigo

爱国者

Great Wall
品 质 铸 就 长 城

长城

Huntkey
航嘉

航嘉

鑫谷
Segotep®

鑫谷

GOLDEN FIELD

金河田

SAMA

先马

COOLER MASTER

酷冷至尊

Antec

安钛克

五、键盘鼠标类

罗技

rapoo

雷柏

双飞燕

RAZER

雷蛇

DAREU

达尔优

Microsoft

微软

六、打印机类

Canon

佳能

EPSON

爱普生

hp

惠普

Lenovo

联想

SAMSUNG

三星

Lexmark

利盟

七、扫描仪类

Canon

佳能

EPSON

爱普生

hp

惠普

MICROTEK 中晶科技

中晶

BenQ

明基

FOUNder

方正

UNIS 清华紫光

清华紫光

Jetion

吉星国际

OKI

OKI

八、UPS 类

艾普斯

山特

梅兰日兰

山顿

华为

山克

反侵权盗版声明

电子工业出版社依法对本作品享有专有出版权。任何未经权利人书面许可，复制、销售或通过信息网络传播本作品的行为；歪曲、篡改、剽窃本作品的行为，均违反《中华人民共和国著作权法》，其行为人应承担相应的民事责任和行政责任，构成犯罪的，将被依法追究刑事责任。

为了维护市场秩序，保护权利人的合法权益，我社将依法查处和打击侵权盗版的单位和个人。欢迎社会各界人士积极举报侵权盗版行为，本社将奖励举报有功人员，并保证举报人的信息不被泄露。

举报电话：（010）88254396；（010）88258888

传　　真：（010）88254397

E-mail:　　dbqq@phei.com.cn

通信地址：北京市万寿路 173 信箱

　　　　　电子工业出版社总编办公室

邮　　编：100036